NG GUO ZI RAN JING GUAN CONG SHU · 中国自然景观丛书 · ZHONG GUO ZI RAN JING GUAN CONG SHU

自然生态景观

戚光英 编著

前 言

PREFACE

我国幅员辽阔，地形复杂，具有丰富的自然地理、自然气候、自然遗产、自然风景、自然名胜、自然人文等，有着非常的独特魅力与深刻内涵。

我国地形丰富多样，平原、高原、山地、丘陵、盆地五种地形齐备。其中，山区面积广大，约占全国面积的三分之二。复杂多样的地形，形成了我国复杂多样的自然地理。

我国属于季风性气候区，冬夏气温分布差异很大。全国冬季气温普遍偏低，南热北冷，南北温差较大，有着各具特色的自然气候。我国绝大多数河流分布在东部外流区，内流区河流较少。南方外流河流量大，水位季节变化较小，汛期较长，含沙量小，无结冰期。北方河水流量小，水位季节变化较短，含沙量大。

我国自然资源十分丰富，以名山秀水、密林草原等最为重要。有挺拔的泰山、衡山、华山、恒山、嵩山、黄山、庐山、雁荡山等名山，有奔腾的长江、黄河、黑龙江、松花江、雅鲁藏布江等大河，还有桂林山水、长江三峡、杭州西湖、无锡太湖、海南三亚、云南大理、丽江、西双版纳和台湾日月潭等，还有热带密林、辽阔草原、众多名胜古迹等，它们都闻名世界自然景观。

祖国江山如此多娇，自然风光绚丽多彩，非常值得我们喜爱与自豪。因此，我们要满腔激情地去欣赏她、歌颂她、赞美她，我们要热爱我们的伟大祖国。为此，我们特别编辑了这套《中国自然景观丛书》。该书主要包括自然遗产、地理、景观、土地、地质、山脉、水文、名胜、生态、动物、植被、森林等景观内容，知识全面，内容精练，图文并茂，形象生动，通俗易懂，能够培养我们的爱国热情，具有很强的可读性、欣赏性和知识性，是我们广大读者了解中国、增长知识、开阔视野、提高素质、激发爱国情感和学习自然地理的良好读物，也是各级图书馆珍藏的最佳版本。

目录 CONTENTS

动物乐园——可可西里……… 6

牛奶之河——白水河………… 20

高原绿洲——若尔盖湿地…… 26

沙漠绿洲——沙坡头………… 36

陇上名胜——兴隆山………… 42

资源宝库——红星湿地……… 52

赤松乐园——仙人洞………… 60

京南第一湖——衡水湖……… 69

天然动植物园——百花山…… 79

圣水之湖——查干湖………… 96

火山口湖群——龙湾湿地…… 96

天鹅故乡——鄱阳湖………… 106

物种基因库——鹞落坪……… 114

生物博物馆——滨州贝壳堤岛 118

华东动植物园——清凉峰…… 124

海上森林——东寨港………… 130

大树王国——天目山………… 138

绿色宝库——神农架………… 146

生物资源库——长青………… 154

动物乐园——可可西里

可可西里自然保护区位于青海西南部的玉树藏族自治州境内，面积45 000平方千米。“可可西里”蒙语意为“美丽的少女”，藏语称该地区为“阿钦公加”。

可可西里是目前世界上原始生态环境保存最完美的地区之一，也是目前我国建成的面积最大、海拔最高、野生动物资源最为丰富的自然保护区之一。

可可西里，包括西藏北部被称为“羌塘草原”的部分、青海

昆仑山以南地区和新疆的同西藏、青海毗邻的地区。

可可西里气候干燥寒冷，严重缺氧和缺淡水，环境险恶，令人望而生畏。人类无法在那里长期生存，那里只能依稀见到已适应了高寒气候的野生动植物。于是人们称这里为“人类的禁区”和“生命的禁区”等。然而正因为如此，这里成了“野生动物的乐园”。

可可西里地处青藏高原腹地，最高峰为北缘昆仑山布喀达坂峰，最低点在豹子峡，区内地势南北高，中部低，西部高而东部低。可可西里山和冬布勒山横贯本区中部，山地间有两个宽谷湖盆带，地势较平坦。

可可西里自然保护区是羌塘高原内流湖区和长江北源水系交汇的地区。东部为楚玛河为主的长江北源水系，主要为雨水、地下水补给，水量较小，河流往往是季节性河流。西部和北部是以湖泊为中心的内流水系，处于羌塘高原内流湖区的东北部，湖泊众多。

可可西里自然保护区的气候特点是温度低、降水少、大风多、区域差异较大。境内年平均气温由东南向西北逐渐降低，年平均降水量的分布趋势是由东南向西北逐渐减少。

可可西里自然保护区气候地貌类型主要包括冰川作用地貌、冰缘作用地貌、流水作用地貌、湖泊作用地貌、风力作用地貌等。冰川作用的范围有一定的局限性。

现代冰川仅在少数高山、极高山上分布，以大陆性冰川为主。冻胀作用、冰融作用、寒冻风化作用等形成了多种多样的冰缘地貌。

可可西里自然保护区流水作用虽然普遍，但由于水量有限、季节变化大、流水侵蚀和搬运作用都较弱，在现代河床中砾石磨圆往往很差，湖滨沉积物亦以砂砾石为主。高原风力较大，风蚀作用使地表粗化十分普遍，显示了寒冷半干旱环境的气候地貌特征。

整个青藏高原自东向西北表现为湿润地区、半湿润地区、半干旱地区和干旱地区的更替与过渡。可可西里地区则居于半干旱地区内。随着海拔升高，温度降低，降水增加，高寒草甸或高寒

草原逐渐被以稀疏状植被为主要特征的亚冰雪带所替代，在一些极高山区发育了多年的积雪和冰川。

可可西里自然保护区的地表物质也是自然环境分异的重要因素。本区大部分地面都覆盖着一定厚度的沙层，它可以使天然降水或融水很快渗入下层，并保存起来。由于沙层阻隔，土壤下层水分蒸发微弱，这对植被的发育有利。这里以青藏苔草为主的高寒草原广泛分布为主导地理景观，而针茅草原景观仅出现在局部地方。

可可西里地区河滩地面积比例较大，受到当地大气候条件的影响，形成隐域半隐域景观，这是区域性因素作用的结果，打乱和干扰了高原地带性景观的连续分布。

在一些湖边盐分含量较高的地方，往往形成特别干燥的环境，发育了局部性的垫状驼绒藜高寒荒漠，这是地方性非地带性因素作用的结果。

可可西里自然保护区由于受到地理位置、地势高低、地形坡向及地表组成物质等各种水热条件分异因素的影响，自然景观自东南向西北呈现高寒草甸、高寒草原与高寒荒漠更替。其中高寒草原是主要类型，高寒冰缘植被也有较大面积的分布，高寒荒漠草原、高寒垫状植被和高寒荒漠有少量分布。

高寒草原是本区分布面积最大的植被类型，主要建群种有紫花针茅、扇穗茅、青藏苔草、豆科的几种棘豆、黄芪和曲枝早熟禾等；常见的伴生植物有垫状棱子芹等。紫花针茅草原主要分布于东部的青藏公路沿线，在内部多零散分布或局限于个别地段或山地。

高寒草甸主要以高山蒿草和无味苔草为建群种。前者主要分布在风火山口和五道梁一带的山坡，后者分布于中部和北部山地阳坡或冲积湖滨的冰冻洼地，与那里的草原群落复合分布。其分

布地域有较为丰富的降水量。这两类高寒草甸群落的种类组成和结构都比较简单，水平结构一般较均匀，在坡地处的则呈块状或条状分布。

青藏苔草高寒草原，主要分布在北部和西部地区。群落的盖度随所处环境的水热状况有较大的变化，一般为20％左右。扇穗茅高寒草原，主要分布于沱沱河以北的东部地区，常与紫花针茅高寒草原和莫氏苔草高寒草原复合分布。

高山冰缘植被是青海可可西里地区分布面积仅次于高寒草原的类型，特别是在西北部地区分布广泛。

青海可可西里地区的高等植物以矮小的草本和垫状植物为主，木本植物极少，仅存在个别种类，如匍匐水柏枝、垫状山岭麻黄。

在多种植物中，青藏高原特有种和青藏高原至中亚高山、西喜马拉雅和东帕米尔分布的种在区系成分中占主导地位。

青藏高原特有种约占该区全部植物的40％，其中青海可可西里地区特有种和变种约有8个以上。青藏高原至中亚高山、西喜马拉雅、东帕米尔分布的种占该区植物的35％。

具有垫状生长型的植物种类多，分布广，这里的垫状植物占世界的1/3。可可西里地区许多植物都以低矮、垫状的生长型出现，在广阔的宽谷、湖盆地区，五种垫状的点地梅、五种垫状的雪灵芝、数种垫状的凤毛菊、黄芪、棘豆、红景天、水柏枝等在各地构成了世界上少有的大面积垫状植被景观。

由于本区地势高亢，气候干旱寒冷，植被类型简单，食物条件及隐蔽条件较差，动物区系组成简单。但是，除猛兽猛禽多单独营生外，有蹄类动物具有结群活动或群聚栖居的习性，因而其

种群密度较大，数量较多。

濒危珍稀动物中，兽类有13种，其中含国家一级保护动物5种，即藏羚羊、雪豹、藏野驴、野牦牛、白唇鹿；二级保护动物有8种，即棕熊、猞猁、兔狲、豺、石貂、岩羊、盘羊、藏原羚；珍稀鸟类有秃鹫、猎隼、大鵟、红隼、藏雪鸡、大天鹅等。

在可可西里保护区中，藏羚羊被称为“可可西里的骄傲”，是我国特有的物种，属于群居动物。

藏羚羊背部呈红褐色，腹部为浅褐色或灰白色。成年雄性藏羚羊脸部呈黑色，腿上有黑色标记，头上长有竖琴形状的角用于御敌；雌性藏羚羊没有角。

藏羚羊是国家一级保护动物，也是列入《濒危野生动植物种国际贸易公约》中严禁贸易的濒危动物。

藏羚羊不同于大熊猫，它是一种具有绝对生存优势的动物。

只要你看到它们成群结队地在雪后初霁的地平线上涌出，精灵一般的身材，优美的像飞翔一样的跑姿，你就会相信，它们能够在这片土地上生存数百万年，是因为它们就是属于这里的。和大熊猫不一样，藏羚羊绝不是一种自身濒临灭绝、适应能力差的动物，只要人类不去干扰它，不去用猎枪和子弹找它的麻烦，它自己就能活得非常好。

它生活于青藏高原的广袤地域内，栖息在海拔4000米以上的高原荒漠、冰原冻土地带及湖泊沼泽周围，藏北羌塘、青海可可西里以及新疆阿尔金山一带令人类望而生畏的“生命禁区”。

藏羚羊不仅体形优美、性格刚强、动作敏捷，而且耐高寒、抗缺氧。在那些环境极其恶劣和人迹罕至的地方，藏羚羊却能够

顽强地生存下来，这也是藏羚羊长期以来得以生存的主要原因。

在青藏高原独特恶劣的自然环境中，为寻觅足够的食物和抵御严寒，经过长期适应，藏羚羊形成了集群迁徙的习性，并且其身体上生长有一层保暖性极好的绒毛，这些都是藏羚羊上万年得以生存下来的主要原因。

藏羚羊作为青藏高原动物区系的典型代表，具有很高的科学价值。藏羚羊种群也是构成青藏高原自然生态的极为重要的组成部分。

我国政府十分重视藏羚羊保护，严格禁止了一切贸易性出口和买卖藏羚羊及其产品的活动，并将藏羚羊确定为国家一级保护野生动物，严禁非法猎捕。

此外，我国政府还在藏羚羊的重要分布区先后划建了青海可可西里国家级自然保护区、新疆阿尔金山国家级自然保护区、西藏羌塘自然保护区等多处自然保护区，成立了专门的保护管理机构和执法队伍，定期进行巡山和对藏羚羊种群活动实施监测。

近几年，由于自然保护联盟和全世界热爱动物的人士对它们的关注，藏羚羊的数量现已回升约至22万只。

可可西里保护区内的土壤类型简单，多为高山草甸土、高山草原土和高山寒漠土壤，其次为沼泽土，零星分布的有沼泽土、龟裂土、盐土、碱土和风沙土。土壤发育年轻，受冻融作用影响深刻。

高山寒漠土主要分布在本区西南部平均海拔5000米以上的高原面和冰川雪线以下的山地。植被以垫状的点地梅、棘豆、蚤缀、凤毛菊、驼绒藜等为主体，且分布广泛，为昆仑山区所罕见。

高山草甸土多见于本区东部山地，上接高山寒漠土，下连高山草原土，是在寒冷湿润气候和高寒草甸植被下发育而成的。植物有高山蒿草、矮蒿草，它们组成建群种。这里地面融冻滑塌和草根层斑块状脱落十分明显。

高山草原土为东部高原面的基带土壤，低山和高山下部也有分布，是在高寒半干旱气候和高寒草原植被下发育而成的这里的植物常以大紫花针茅、羽柱针茅为建群种，群落组成常受土壤基质制约，砂砾质或盐碱化土壤多由垫状驼绒藜和青藏苔草等荒漠化草原成分加入。

沼泽土广布于乌兰乌拉山的山间洼地、平缓的分水岭脊等浅洼低地中。由于冻土层出现部位高，沼泽土可分布在坡度22度的山坡上。

龟裂土多见于海拔5000米以下的高山草原土区的湖阶地，干涸小湖和低山缓丘间的浅碟形平地中，如涟湖、乌兰乌拉湖、西金乌兰湖周缘都有分布，但面积不大。

盐土主要分布在西金乌兰湖、勒斜武担措和明镜湖等新近出露的湖滨平原上。盐土地区地面平坦，有一片白色的薄盐结皮，土体潮湿无结构。

碱土分布较广，多见于湖

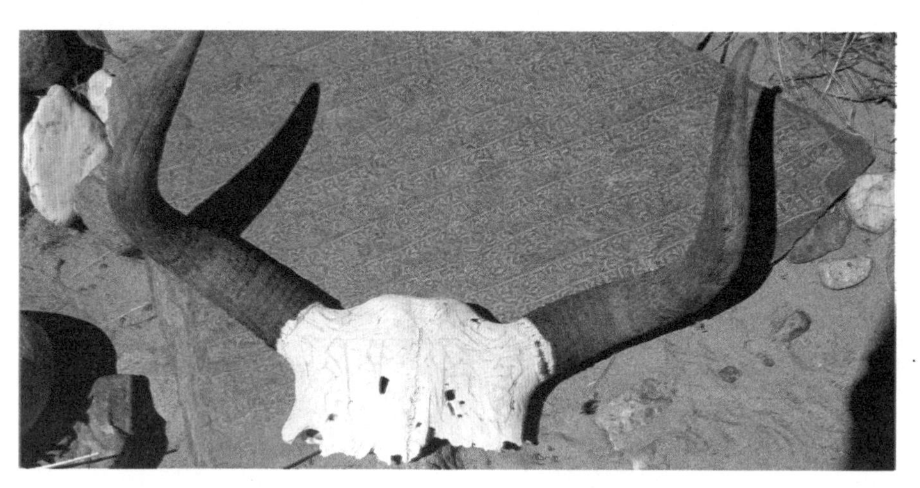

滨阶地和高河漫滩，其上或不长植物。地面平坦龟裂，或为荒漠化草原，生长有垫状驼绒藜，苔草和镰叶韭等。

小知识大视野

藏羚羊特别喜欢在有水源的草滩上活动，群居生活在高原荒漠、冰原冻土地带及湖泊沼泽周围。

那里尽是些“不毛之地”，植被稀疏，只能生长针茅草、苔藓和地衣之类的低等植物，而这些却是藏羚羊赖以生存的美味佳肴；那里湖泊虽多，绝大部分却是咸水湖。藏羚羊成为偶蹄类动物中的佼佼者，它们不仅体形优美、性格刚强、动作敏捷，而且耐高寒、抗缺氧。

在那十分险恶的地方，时时闪现着藏羚羊鲜活的生命色彩、腾越的矫健身姿，它们真是生命力极其顽强的生灵！它性怯懦机警，听觉和视觉发达，常出没在人迹罕至的地方，极难接近。藏羚羊有长距离迁移的习惯。

牛奶之河——白水河

白水河国家级自然保护区，位于四川盆地西北边缘的彭州市境内，属森林及野生动物类型自然保护区。保护区东与德阳市九顶山自然保护区相连，北与汶川县交界，西与都江堰龙溪—虹口国家级自然保护区接壤。

白水河保护区按功能区划分为核心区、缓冲区、实验区。其核心区位于保护区北部，主要包括保护区内的银厂沟、回龙沟上部、大坪上部等地。

白水河国家级自然保护区位于龙门山褶皱带的中南段，地质上属于横断山东部，是四川盆地向青藏高原过渡段的典型地貌地带，地势由东南向西北递增。由于地形剧烈切割，山谷成“V”型和“U”型发育，相对落差悬殊，形成山高坡陡谷窄的地貌特征。

区内水文属长江支流沱江发源地之一，水力资源极为丰富。本区河流主要由银厂沟、龙漕沟、牛圈沟汇集区内50余条岔沟之水注入湔江，湔江流经境内20余千米，水流湍急，河水终年不断，是成都平原重要的水源涵养地。

白水河保护区为亚热带湿润气候区，由于地形和海拔的影响，气候具有下列特点：气温垂直分布明显，形成山地垂直气候带，随海拔由低至高分别为北亚热带、山地暖温带、山地中温带、山地寒温带、山地亚寒带；本区降水量多，降雨集中，多暴雨，冬季以固态降水为主，雨日多，日照少，湿度大。

白水河保护区自然资源异常丰富。保护区所在的我国西南山地被列为全球25个生物多样性热点区域之一，是全球生物多样性最为丰富的温带森林生态系统，拥有占全国约一半的鸟类和哺乳

动物。

该区森林植被保存完整，生物多样性异常丰富。全区已知有维管束植物164科695属1770种，保护区内古老、特有的种数十分丰富，原始古老植物有蕨类植物、裸子植物、被子植物等多种植物。

保护区植物中属我国特有属约有22属，占全国特有属数的11％，这些特有的属大都为单种属和少种属，如珙桐、连香树、水青树、香果树、串果藤、大血藤等。

在保护区的动物中，其中金丝猴、金猫、云豹、水獭、大熊猫等为濒危物种。保护区内已知的四川珍稀和特有脊椎动物有100多种，占全省特有种类的36％左右，既有横断山地区特有的种类，也有青藏高原特有的物种，还有亚热带的种类，更有古北界

的特有种类。

兽类中有纹背鼩鼱、蹼麝鼩、马麝、高山姬鼠，也有藏酋猴、毛冠鹿、岩羊和松田鼠等；鸟类中有绿尾虹雉、藏马鸡、橙翅噪鹛等；两栖爬行类有大鲵、四川龙蜥、玉锦蛇、紫灰锦蛇、洪佛树蛙等。

鱼类有成都鱲、彭县似滑、齐口裂腹鱼、青石爬鱼兆和壮体鱼兆等。其中成都鱲和彭县似鱼骨只分布在彭县的湔江，为彭州的特有种，目前数量甚少，为濒危物种。

四川白水河国家级自然保护区具有丰富的生态资源，有成都平原突兀而起的险峻高山，雄壮的飞瀑，壮观雄异的云海，绚丽的日出、晚霞，奇妙神异的彩虹约影、佛光神灯和清幽的碧波深潭。

尤其是那丰富的动植物资源、保存完好的生态环境和悠久的人文历史，给人们勾绘出一个集山景、水景、生景、气景、文景、生物多样性和地质景观为一体的生态胜地。

四川白水河国家级自然保护区以其独特的地理位置、神秘的地形地貌和丰富的生物多样性，一直受到国内外科学家的密切关注。

中国科学院成都生物研究所、山地所、自然资源研究所和四川省野生动物资源调查保护管理站的专家和技术人员对该区本底资源进行了调查，四川省林业厅等单位和一些国际保护组织为促进该区有效进行保护及管理和资源的可持续发展，进行了积极的探索。

白水河国家级自然保护区是长江重要支流沱江的发源地之一，在涵养水源、保持水土、保护生物多样性，维护生态平衡，促进成都平原及中、下游地区风调雨顺等方面具有极其重要战略意义。

保护区将以生物多样性保护为宗旨，积极努力，广泛合作，将该区建设成为融保护、教学、实习、参观、科学考察、研究和生态旅游为一体的示范基地，使该区的社会效益、生态效益和经济效益得到充分、协调和可持续的发展。

白水河国家级自然保护区管理局为了保护好生态环境及野生

动植物资源，高标准建设和保护好国家级自然保护区。

白水河保护区在基建一期工程顺利验收的基础上，为全面深化科学研究，广泛开展宣传教育，将保护区建成离成都最近的科学研究和科普教育的示范基地，使保护区成为国内一流的自然保护区。保护区还编报了成都白水河国家级自然保护区二期工程建设项目《可行性研究》报告。

国家林业局发文正式批复了保护区二期基建《可行性研究》报告。项目主要建设内容包括兴建科研中心、宣教馆，配套购置必的要防火、保护、科研、宣教设备等，这为保护区今后的可持续性发展奠定了坚实的基础。

小知识大视野

地处白水河国家自然保护区的银厂沟，因明朝崇祯皇帝的天官刘宇亮在此开银矿而得名。相传，这里是3000多年前，蜀族先民由黄河流域的高原向南迁徙进入四川盆地的必经之地。

至今，附近的几个小山坪还有许多传说：连盖坪称銮架坪，为皇宫所在，帝王所居；国家坪称国舅坪，为国舅所居；三合坪称三辅坪，曾修过3个府宅，是上好的宝地。

银厂沟内奇峰叠峙，云蒸霞蔚。峡谷低处，古木蔽天。湍急的河流，在密林山崖中忽隐忽现，为峡谷增添了一种莫名的神秘与肃穆。

景区四季景色各异，春日杜鹃似海，冬日素裹银装，盛夏金秋则林森葱郁，清流急湍，飞漱其间，是蜀山蜀水的经典代表。

高原绿洲——若尔盖湿地

四川若尔盖湿地位于我国青藏高原东北部四川省阿坝州北部的若尔盖县境内，地处黄河、长江上游。其湿地涵养了大量的水分，为两大母亲河提供了充足的水源，特别是黄河30％的水来自若尔盖湿地。

若尔盖湿地自然保护区其湿地沼泽面积曾达3000平方千米，是我国面积最大、分布集中的泥炭沼泽区。

若尔盖湿地自然保护区的主要保护对象为高寒沼泽湿地生态系统和黑颈鹤等珍稀动物。该保护区不仅是我国生物多样性的关

键地区和世界高山带物种最丰富的地区之一，还是重要的水源涵养区。

四川若尔盖湿地自然保护区地处青藏高原东缘，位于若尔盖沼泽的腹心地带，是青藏高原高寒湿地生态系统的典型代表。

区内为平坦状高原，气候寒冷湿润，泥炭沼泽得以充分地发育，沼泽植被发育良好，生境极其复杂，生态系统结构完整，生物多样性丰富，特有种多，是我国生物多样性的关键地区之一，也是世界高山带物种最丰富的地区之一。

若尔盖湿地自然保护区区内植物中星叶草、冬虫夏草为国家重点保护植物；脊椎动物中的国家重点保护野生动物有黑颈鹤、胡兀鹫、秃鹫、大天鹅等30多种，并为黑颈鹤的集中繁殖区之一，种群数量达480只左右。

黑颈鹤是大型涉禽，全身灰白色，颈、腿比较长，头顶皮肤血红色，并布有稀疏发状羽。黑颈鹤除眼后和眼下方有一小白色

或灰白色斑外，头的其余部分和颈的上部约2/3为黑色，故得名黑颈鹤。它是世界上唯一的一种生长、繁殖在高原的鹤类，为我国所特有的珍贵鸟类。

黑颈鹤的颈部围了一条黑丝绒的围脖，红色裸露的头顶在黑色头部的衬托下更加鲜艳夺目，好像戴了一顶小红帽。黑颈鹤金黄色的眼睛后面缀着一块白斑，黑色的翅膀和尾羽衬托着白色的体羽，如同穿了一身色调淡雅的礼服，再配上一张坚硬如凿的蜡黄色长嘴和一双漆黑的长脚，更是显得格外挺括俊美。

黑颈鹤为候鸟，每年在青藏高原繁殖，冬季在南方过冬。黑颈鹤每年4月份迁至可可西里，在高寒草甸沼泽地或湖泊河流沼泽地中活动，并选择适应的地区进行繁殖育雏。

长途飞行时，黑颈鹤群多排成“一”字纵队或“V”字队形前进，到达目的地后，开始分群配对，并转为成对活动。这一阶段，它们在栖息地觅食，伸颈低头，或仰首长鸣，或绕着大圈跑

动，雌雄鸟之间表现极端兴奋。特别是雄鸟更主动，绕着雌鸟跑动，展翅跳跃，向雌鸟展示自己的风姿。

5月初开始，黑颈鹤经常在早晨到中午时间交配，5月底开始产卵。没有明显的筑巢期，而是在开始产卵及以后的整个孵化过程中不断地完善巢穴。它们的巢结构简单，大小不定，巢材无特殊需求，因生长的草被而定。刚产不久的卵呈淡青色，布满不规则的棕褐色斑点。

黑颈鹤是我国特有的珍稀禽类，驰名世界，具有重要的文化交流、科学研究和观赏价值。作为高原草甸沼泽栖息的鸟类，本来在云贵藏生活、迁飞，与世无争。

若尔盖湿地自然保护区还是重要的水源涵养区，黑河和白河两条黄河上游的支流纵贯全区，但该区生态系统脆弱，一旦破坏后很难恢复。自然保护区的建立，对于保护高寒湿地生态系统和黑颈鹤等珍稀动物，研究自然环境变迁，古老生物物种保存、繁

衍和分化具有重要的国际意义。

若尔盖湿地自然保护区宛如一块镶嵌在川西北边界上瑰丽夺目的绿宝石，是我国三大湿地之一。若尔盖湿地自然保护区地形复杂，群山环抱，东西与南北最大距离约150千米，土地总面积近30 000平方千米。黄河与长江流域的分水岭将全县划分为两个截然不同的地理单元和自然经济区。

若尔盖湿地自然保护区的中西部和南部为典型的丘状高原，地势由南向北倾斜，植被以草甸草原和沼泽组成的草原为主。该保护区平均海拔3500米，境内丘陵起伏，谷地开阔，河曲发达，水草丰茂，适宜放牧，以饲养牦牛、绵羊和马为主，为纯牧业区，素有“川西北高原的绿洲”之称，也是全国三大草原牧区之

一。属河曲马品系的唐克马是全国三大名马之一。

唐克马体质结实，略显粗糙。唐克马具有以下特征：头较大，多直头及轻微的兔头或半兔头；耳长，形如竹叶；鼻孔大，颚凹较宽；颈长中等，多斜颈，颈肩结合较好；肩稍立，鬐甲高长中等；胸廓宽深，背腰平直，少数马略长；肢长中等，关节、肌腱和韧带发育良好；前肢肢势正常或稍外向，部分后肢略显刀状或外向；蹄大较平，蹄质略欠坚实，偶有裂蹄。唐克马毛色以黑毛、骝毛、青毛较多，其他毛色较少，部分马头和四肢下部有白章。

唐克马挽力强，速力中等，能持久耐劳。唐克马对高寒多变的气候环境有很强的适应能力。唐克马在终年群牧的情况下，夏秋上膘快，冬春掉膘慢，表现体内沉积脂肪的能力强，体况随季节变化不显著。唐克马对一般疾病抵抗力强，常见的胃肠疾病和呼吸系统疾病发生很少。

保护区的西部草原是半农半牧区，有耕地5 333多公顷，适宜种植一年生农作物这里的农作物以青稞为主，其次有小麦、豆类作物和洋芋等。

其主要的经济作物有油菜和亚麻，还生长有少量的苹果和花椒。该地区木材资源丰富，主要有冷杉、云杉等树种。这里原始森林与雪山草地、河谷农业交相辉映，草地连绵，积水成沼。

若尔盖湿地自然保护区的主要河流有嘎曲、墨曲和热曲，它们从南往北汇入黄河。北部和东南部山地系秦岭西部迭山余脉和岷山北部尾端，境内山高谷深，地势陡峭，主要河流有白龙江、包座河和巴西河。河流弯曲摆荡，蜿蜒曲折，牛轭湖星罗棋布，独成一湾风景。

若尔盖湿地自然保护区四周群山环抱，中部地势低平，谷地

宽阔，河曲发育，湖泊众多，排水不畅。同时，这里气候寒冷湿润，年平均气温在零度左右，蒸发量小于降水量，地表经常处于过湿状态，有利于沼泽的发育。

该保护区的部分沼泽是由湖泊沼泽转化形成的，如山原宽谷中的江错湖和夏曼大海子，湖泊退化后，湖中长满了沼生植物，湖底有厚厚的泥炭积累。

若尔盖湿地自然保护区的沼泽在分布上有以下3个特点：一是分布广，沼泽不仅分布在平坦宽阔的河滩、湖群洼地和阶地上，而且在某些无流宽谷和伏流宽谷地带也有分布；二是面积大，这里的沼泽面积有30万公顷，是我国最大的一片泥炭沼泽；三是沼泽率高，沼泽率一般达20％~30％。黑河流域比白河流域高，而且两河流域的中下游均多于上游。

若尔盖湿地自然保护区沼泽类型较多，各种沼泽类型在湖群

洼地、无流宽谷、伏流宽谷和阶地等不同地貌部位上，相互连接形成许多巨大的复合沼泽体。

若尔盖湿地自然保护区的动植物种类繁多，物产丰富。这里分布有国家湿地保护区、黑颈鹤保护区和梅花鹿保护区。栖息着黑颈鹤、白天鹅、藏鸳鸯、白鹳、梅花鹿、小熊猫等大量候鸟和野生动物。这里的唐克马被诗圣杜甫赞为“竹披双耳俊，风如四蹄轻”。

这里盛产麝香、冬虫夏草、贝母、鹿茸、雪莲等名贵药材。

已探明的矿产资源有泥炭、煤、铁、铜、铀、锰、金等。泥炭资源极为丰富，分布面积2000余平方千米，储量近40亿立方米。

若尔盖湿地自然保护区属高原寒带湿润季风气候。根据地貌特征，它可分为东部大陆性山地中温带半湿润季风气候和西部大陆性季风高原气候两种气候区。西部丘状高原，气候严寒，四季不明，冬长无夏。

若尔盖湿地自然保护区降雨量多集中于4月下旬至10月中旬，平均湿度70％，年均日照时间长，风向多为西北风。每年9月下旬开始结冻，5月中旬才能完全解冻。东部半农半牧区，气候较温和，4月至7月基本为无霜期，降雨多集中降于夏末秋初，春末夏初则多干旱。常见的自然灾害有冰雹、干旱、霜冻、寒潮连阴雪、洪涝等。

夏季是草原的黄金季节，这里天高气爽，能见度很高。天地之间，绿草茵茵，繁花似锦，芳香幽幽，一望无涯。草地中星罗棋布地点缀着无数个小湖泊，湖水碧蓝，小河如藤蔓把大大小小的湖泊串联起来，河水清澈见底，游鱼可数。

小知识大视野

自2002年始，若尔盖县就相继开展湿地保护的宣传和基础设施建设工作，先后建设成草地围栏，完成巡护、维护道路，建设栏坝，建立生态监测点。

2010年，若尔盖花湖湿地生态恢复工程正式开工建设，湖泊水位较过去增高，湖泊面积扩大，恢复湖泊周边半沼泽和干沼泽常年集水，生态恢复效果十分明显。

通过湿地治理工程的实施，湖泊扩面还湿，有力地促进了花湖区域半沼泽和干沼泽的恢复，改善了区域地下水的循环状况，使萎缩的泥炭逐步得到恢复，营造了最佳的泥炭发育环境，为珍稀野生动物适应生境创造了良好的条件。工程蓄水后，在此栖息的鸟类增加了一倍，以前很少在此区域活动的黑鹳等珍稀动物的数量显著增加。

沙漠绿洲——沙坡头

沙坡头保护区位于宁夏回族自治区中卫市西部的腾格里沙漠东南缘。它东起二道沙沟南护林房，西至头道墩，北接腾格里沙漠，沙坡头段向北延伸，沿“三北”防护林二期工程基线向东北延伸至定北墩外围，南临黄河。

沙坡头保护区自然形成的一条由西南至东北走向的狭长弧形沙丘地带，包兰铁路横贯其间。其地势由西南部向东北倾斜，自

然地理条件复杂，生态环境脆弱。

沙坡头保护区的主要保护对象为沙漠自然生态系统、特有的沙地野生动植物及其生存繁衍的环境。该保护区是亚洲中部和华北黄土高原植物区系的交汇地带，为荒漠和草原间的过渡，生物种类及生态过程具有明显的过渡特点。

沙坡头保护区主要有裸子植物、被子植物和种子植物等，占宁夏回族自治区种子植物的1/4。

沙坡头保护区被列入国家一二级保护的植物有裸果木、沙冬青和胡杨。阿拉善地区特有植物有阿拉善碱蓬、宽叶水柏枝和百花蒿。保护区有经济价值的资源植物共计60多种。

沙坡头保护区的脊椎动物有鱼类、两栖类、爬行类、鸟类和兽类，列入国家重点保护野生动物名录的脊椎动物占保护区脊椎动物总数的12％。

其中一级保护动物有黑鹳、金雕、玉带海雕、白尾海雕和大鸨；二级保护动物有灰鹤、蓑羽鹤、白琵鹭、荒漠猫、猞猁、鹅喉羚、岩羊等；脊椎动物有贺兰山岩鹨、北朱雀、文须雀、长尾雀、短耳鸮等。

保护区的湿地可分为天然湿地和人工湿地两大类型。保护区的天然湿地由河流和沼泽湖泊组成。黄河从沙坡头流过，与生活在岸边和水中的生物共同构成河流湿地生态系统。

由于黄河流水大量渗入地下，储于沙砾层中，这里形成了地下水丰富的含水层。在低地，地下水溢出，形成相当面积的沼泽，主要分布于马场湖、高墩湖、小湖和荒草湖等。

保护区的人工湿地是人类活动形成的湿地，这类湿地主要是鱼塘。保护区的湿地植物有水生和湿生两大类，占保护区植物种类的四分之一。保护区的水生植物分为沉水植物、浮水植物和挺

水植物。

沉水植物：整株沉于水下，为典型的水生植物。它们的根退化或消失，表皮细胞可直接吸收水中的气体、营养物质和水分；叶绿体大而多，适应水中的弱光环境；无性繁殖较有性繁殖发达。这类植物在保护区的代表种类有狸藻、茨藻等。

浮水植物：叶片漂浮水面，气孔分布于叶片上面，维管束和机械组织不发达，无性生殖速度快，生产力高。保护区内的代表种类有浮萍和眼子菜等。

挺水植物：植物体挺出水面，机体细胞大，通气通水性能好。保护区内的代表植物有香蒲等。

保护区的湿地植被可划分为2个植被型组，3个植被型，6个植被亚型，11个群系。

湿地是多种脊椎动物类群的栖息地，保护区的湿地动物被列

入国家级保护动物的种类都是鸟类。其中一级有玉带海雕和白尾海雕，二级有鹗、大天鹅、灰鹤、蓑羽鹤和白琵鹭。

保护区湿地具有向人类持续提供食物、原材料和水资源的潜力，并在蓄水抗旱、保持生物多样性等方面起到了重要作用。

湿地的实际价值主要体现在以下几个方面：

蓄水灌溉：沙坡头地处中亚内陆，为温带季风区大陆性气候，降水少，蒸发量大。黄河在沙坡头流过，为当地发展农业和粮食生产提供了保障。

渔业：沙坡头的渔业是当地经济收入的来源之一。鱼塘养的鱼类主要是草鱼、鲤鱼和鲢鱼，为当地经济带来一定的经济收入，也在补充当地群众动物性蛋白方面起到了重要作用。

维持生物多样性：湿地是多种动物种类栖息、生长、繁殖和发育的良好生境。尤其在荒漠地区，湿地更是生物多样性最高的生态系统，在保持生物多样性方面意义重大。

保护区植物种类繁多，湿地的植物约占总数的四分之一。保

护区有脊椎动物近200种，见于湿地环境的有100多种。沙坡头的湿地不仅是众多水禽的栖息繁殖地，而且是相当多鸟类迁徙中的停息地。

保护区的湿地生态系统是荒漠生态系统的子系统，是生物多样性最高的子系统，也是除农业生态系统外生物生产力最高的子系统。

荒漠生态系统的能量转换、物质循环与这个子系统有着千丝万缕的关系，随着全球的气候变化和人类活动，尤其是天候的变暖、变干，水力和土地资源的过度开发利用，一旦有一天湖泊完全干枯，依赖于这些湿地的动植物就会消失。

小知识大视野

沙坡头保护区充分利用“地球日”“爱鸟周”“科技周”和“世界环境日”等环保纪念日，向社会各界宣传环境保护的重要意义，努力提高公众的环保意识。

在“爱鸟周”期间，沙坡头保护区的管理人员来到保护区周边的中小学，向师生宣传有关鸟类的基础知识和爱鸟、护鸟的重要意义。在“科技周”和“5·22国际生物多样性日”纪念活动中，保护区的管理人员大力宣传科学的发展观。

围绕“以人为本，关爱环境”这一主题，向广大干部群众尤其是中小学生宣传自然保护区基础知识、建立自然保护区的意义及保护生物多样性维护生态平衡的重要性，唤起人们对环境的关注。

陇上名胜——兴隆山

兴隆山国家级自然保护区位于甘肃省兰州市东南的榆中县西南隅，南靠临洮，东临定西，西北与兰州毗邻，属祁连山的东延余脉。起伏的山峦与敦厚的森林植被，构成了兴隆山壮阔美丽的图景。兴隆山的雄伟，在于千嶂逶迤、势若奔腾；其险，在于峰巅路转、塔悬道奇；其幽，在于林木葱茏、四季常青。

在一片绿海碧涛之中，著名的兴隆山景区、栖云山景区、马

衔山景区、官滩沟景区及多处景点，宛如玛瑙镶嵌在翠玉之上，光彩夺目。这既是大自然赐予人世间的游览胜景，也体现了历代劳动人民的智慧、才能和创造精神。

兴隆山风景如画、气候怡人，这里奇峰叠翠，飞泉流湍，森林苍郁，风景旖旎。暖春翠峰耸立，盛夏白云飘浮，仲秋万紫千红，初冬苍翠如黛。兴隆山保护区山脉系祁连山山系东延部分，由马衔山系的高中山群所组成，主要山脉有马衔山、兴隆山和栖云山。马衔山与兴隆山南北对峙呈马鞍形，兴隆山、栖云山两座主峰由马衔山分支曲折而来。山体长约37千米，山势走向呈西北西东南，地势南高北低。马衔山主峰是黄土高原范围内唯一超过3600米的高峰。山体过境后，向东延伸终止于浩瀚的黄土丘陵。

兴隆山在大地构造上是介于秦岭地槽系和祁连山地槽系之间秦祁台块上的孤岛状的石质山地，其次级构造单元为青石岭至马

衔山横断带，马衔山褶穹和兴隆山褶凹。该山地自寒武纪前隆起，经过加里东、燕山期、喜马拉雅期等新老造山运动的影响，到了第四纪初才形成基本的山脉水系。

在漫长的地质历史时期，山地因受造山运动的显著抬升和切割作用，主体复式向斜多呈V型的陡壁深谷，沟谷纵横。

河床降落比较大，多跌水。山脊呈波状起伏，坡度多在30度以上，地形呈齿状。山体两侧与黄土高原镶嵌，多为黄土剥蚀地貌，主要地形形态有高山深谷。

兴隆山保护区地处东亚大陆内地，按全国自然区划气候分类为东部季风区，大陆性气候显著，属高寒半湿润性多雨气候。主

要特征表现为四季分明：春季干燥多风；夏季昼热夜凉，初夏干旱，盛夏多雨；初秋阴雨稍多，深秋凉爽少雨；冬季寒冷少雪。

兴隆山保护区河流水系发育比较健全，长年流水的河道有兴隆峡、龛谷峡、徐家峡、分鏊岔、麻家寺、水岔沟、官滩沟、新营、黄坪、马坡、银山等长流水河道，均发源于马衔山和兴隆山。其中兴隆峡径流量最大，徐家峡流量最小。

其地下水资源主要埋藏在马衔山山前冲积、洪积倾斜平原及

河谷平原，发育在马衔山以北断坳之上，构成的一个半封闭水文地质盆地之间，储存于砂、砾卵石层中。

因第四系隔水地板是倾斜的，倾斜方向与地下水流向一致，当下游大量开采时，上游埋藏很深的静储量可转化为动储量流向下游。兴隆山保护区内的土壤主要是石质山地发育的灰褐土，此外尚有高山草甸土、亚高山草甸土、栗钙土和新积土。这里没有完整的分布带，往往是由于坡向的关系成地带性土壤复区。

峡中山坡因地势较高，降水多，气温低，蒸发弱，植被盖度大，土壤主为灰褐色。地势和坡向的差异，引起气候和植物的变化，发育着不同的淋溶灰褐土。

阴坡林地的地带性土壤为淋溶灰褐土，成土母质主要为千枚

岩、玄武岩、砂砾岩、火山岩等残积物、坡积物以及黄土物质等，一般肥力较高，但土层较浅。

阳坡次生林地和灌丛地的地带性土壤为碳酸盐淋溶灰褐土，成土母质与阴坡相同，但由于其处地坡度较大，排水性好，光照充足，蒸发快，而碳酸盐反应强烈，故多呈碱性，有机质含量低，肥力较差。

海拔3000米以上地带，因空气湿度较大，气温低，植被多以灌丛、草本为主，故土壤由亚高山草甸土过渡到高山草甸土。

前山各峡口东、西两侧的缓坡地带，属黄土母质上发育的栗钙土，这里黄土层堆积较厚，植被稀疏，蒸发量大，土壤干燥，有机质含量低，壤质疏松，透水良好，土层深厚但肥力较差。

保护区生物资源丰富，已经查明有大型真菌、高等植物、蜘

蛛昆虫类、高等动物多种。它们是保护区可更新的资源，也是复合生态系统的主体。

在冷湿的气候条件下，兴隆山景区内形成不同类型的植被，阴坡、半阴坡生长着山地暗针叶林，青海云杉为建群种。这些云杉古老粗大，遮天蔽日，林内阴暗潮湿，沟谷中溪水常流；阳坡、半阳坡生长着落叶阔叶林，以山杨、白桦、辽东栎为建群种。保护区的森林植被郁郁葱葱，使兴隆山如同黄土海洋中的一座绿色岛屿。

兴隆山保护区有高等植物多种，主要有种子植物、蕨类植物和苔藓植物。乔木树种有细叶杉、粗叶云杉、山杨、辽东栎和桦类等；灌木树种有沙棘、野蔷薇、栒子、杜鹃、榛子、绣线菊、山梅花、锦鸡儿、忍冬、花楸、悬钩子、樱桃和丁香等；地被植

物有苔草、草莓和蕨类等；药用植物有党参、大黄、益母草、蒲公英、木贼、车前子、黄芩、紫胡和羌活等。

云杉林是兴隆山区的重点保护对象，海拔2200~2700米的阴坡、半阴坡为细叶云杉林；山杨林多分布于阳坡；云杉、山杨混交林、桦树混交林、杨桦混交林多分布于半阳坡、半阴坡及沟脑部分。

黄芩是唇形科植物，别名黄金条根、山茶根，具有清热、解毒、止血的功能，主治肺热咳嗽、目赤肿痛和肝炎等。

马衔山地处兴隆山南侧，呈西北—东南走向，山顶如平川。马衔山以高山寒带冻土地貌为主要的景观特征，高耸的地势和严寒的气候条件，使马衔山的地貌景物与兴隆山截然不同，而与号称地球三极的青藏高原极为相似。

马衔山地貌景物奇特，既有冻丘地貌，又有古冰缘遗迹，是考察冰川冻土地貌的重要地点。马衔山气候、植被垂直性分布非常明显，既有原始森林，又有高山草甸，每年盛夏可见到山顶白雪飘、山腰百花艳、山下绿波荡的奇妙景观。

官滩沟属兴隆山国家级自然保护区，位于兰州市东南的和平镇境内。官滩沟是以森林自然生态为主的新区，区内两山夹一沟谷，幽谷旁通。山形虽无兴隆山之峻奇，但充满山林野趣，进入官滩沟使人感觉到满目青翠，明朗开阔。

区内森林覆盖率达86％，随着海拔的升高，依次出现人工针叶林、次生阔叶混交林和高山灌丛。这里季相色彩变化丰富，森林环境绚丽多彩，十分宜人。

谷内溪水清澈，终年不断，为优质矿泉水。从峡谷中潺潺流出的山泉如丝如链，汇聚在滴水崖，形成别具特色的滴水崖瀑布，令游人流连忘返。

官滩沟山势平缓，风景秀丽。春天林木青翠，春光融融；盛夏万木争荣，百花盛开；金秋景色绚丽，满山红遍。美丽的景色给人以恬静、舒盈、清新的自然享受。

在兴隆山与栖云峰中间有座形似弥勒佛袒腹而坐的小山叫仙人峰，这里青松如云，苍翠欲滴，鸟飞蝉鸣，宛如一处仙境。

相传很久以前，这里还是一片汪洋大海。有一年，镇海仙童触犯了天规，玉皇大帝用仙仗把镇海仙童打下天宫，镇海仙童摔倒在地上，变成了一座大山，这就是仙人峰。

龙王的两个太子听到，赶来相劝，也变成了两座山峰，就是现在的兴隆山和栖云峰，这两座山峰将仙人峰团团围在当中。仙人峰是由神仙化成的，自然在当地老百姓心目中成了风水宝地。

资源宝库——红星湿地

红星湿地国家级自然保护区位于黑龙江省伊春市境内，主要保护对象为森林湿地生态系统、珍稀野生动植物和湿地生物多样性。

红星湿地保护区是开发最晚、人为破坏污染程度最小、森林湿地生态系统保持最完整的地区。

红星湿地自然保护区内有7种湿地类型，主要有河流湿地、泛洪平原湿地、沼泽化草甸湿地、草本沼泽湿地、藓类沼泽湿地、

灌丛沼泽湿地、森林沼泽湿地，占保护区总面积的47％。

保护区内有大面积的森林资源分布，主要是针阔混交和阔叶林。丰富的森林生态环境也为野生动物提供了良好的隐蔽场所和丰富的食物资源.

这里野生动物种类繁多，国家一级保护动物5种；国家二级保护动物30多种，主要有中华秋沙鸭、金雕、东方白鹳、丹顶鹤、白枕鹤、鸳鸯、花尾榛鸡、马鹿、黑熊和棕熊等。小兴安岭珍贵稀有的野生动物驼鹿也有分布。除丰富的野生动物资源外，这里还有野生植物500多种。

红星湿地国家级自然保护区是北方森林湿地生态系统的典型代表，是我国森林湿地面积较大的一处自然保护区。该自然保护区内有库斯特河、二皮河和库尔滨河及周边湿地，这些河流最后汇入黑龙江，是黑龙江流域的重要水源地之一。

由于该湿地地势平坦，湿地类型复杂，如此之大的湿地面积，在涵养水源、防止山洪暴发、补充地下水源和抗旱排涝等方面有不可代替的作用，直接影响小兴安岭林区、黑龙江水质和黑龙江流域的工农业生产及生态环境的改善，对黑龙江流域的城镇居民生活和社会经济的发展有着重要的影响作用。

大平台湿地自然保护区是红星湿地国家级自然保护区的核心区域，位于伊春市红星区库斯特林场。保护区内建有省级地质公园红星火山岩地质公园，大片的火山熔岩、石海以及周边多样的生态类型，为动植物提供了良好的生存环境。

大平台湿地水域广阔、水草丰满，以天然植被繁茂而著称，可分为桃花岛、库尔滨水库两个大区。大平台桃花岛面积约60公

顷，这里是兴安杜鹃的最佳观赏点。春季花期月余，春风过处，花海如潮，漫山红艳，称得上是映山而红。

库尔滨水库总面积44平方千米，坝体雄伟壮观，库区内水产资源丰富，是重要的水力发电工程。库尔滨水库主要由库尔滨河、克林河、霍集河、龙湾河、乌鲁木河、嘟鲁河等河流汇集而成。库尔滨水库的水电站每天发电时都要释放摄氏零度以上的水，所以河水常年不冻，形成了浓浓的雾气。

每年冬季，雾气和冷空气融合交锋，便形成了壮观的仿若童话世界的雾凇奇景，这时，整个风景区成了晶莹世界。登高望去，棵棵树木变成了丛丛珊瑚，真是奇松佩玉，怪石披银，山峰闪光，花草晶莹。银装素裹的冰雪世界更显得神秘、隽妙，仪态万方。

红星湿地自然保护区是我国东北林区一块保存完好的森林湿地。保护区内有较为丰富的动物资源、森林资源和水草资源。

红星湿地保护区内共有鱼类37种，两栖类动物有9种，爬行类动物有11种，鸟类有196种，兽类45种。

红星湿地保护区内的珍稀动物有中华秋沙鸭，雄鸟体大，绿黑色及白色。中华秋沙鸭雄鸟有长而窄且近红色的嘴，其尖端有钩；它的黑色的头部有厚实的羽冠，两肋羽片白色而羽缘及羽轴黑色，形成特征性的鳞状纹；它的脚呈红色，胸白而别于红胸秋沙鸭，体侧具鳞状纹，有异于普通秋沙鸭。

中华秋沙鸭雌鸟色暗而多灰色，与红胸秋沙鸭的区别在于体侧有同轴而灰色宽黑色窄的带状图案。它的虹膜呈褐色，嘴呈橘

黄色，脚橘黄色。中华秋沙鸭的叫声似红胸秋沙鸭。

中华秋沙鸭繁殖在西伯利亚、朝鲜北部及我国东北，越冬于我国的华南及华中、日本及朝鲜，偶见于东南亚；中华秋沙鸭迁徙经过东北的沿海，偶在华中、西南、华东、华南和台湾越冬；中华秋沙鸭出没于湍急河流，有时在开阔湖泊，成对或以家庭为群，潜水捕食鱼类。

中华秋沙鸭是我国特有鸟类，全球仅存不足1000只，属国家一级保护动物，比大熊猫还珍贵。

保护区中的东方白鹳属于大型涉禽，是国家一级保护动物。常在沼泽、湿地、塘边涉水。东方白鹳觅食，主要以小鱼、蛙、

昆虫等为食。性宁静而机警，飞行或步行时举止缓慢，休息时常单足站立。

东方白鹳3月份开始繁殖，筑巢于高大乔木或建筑物上，每窝产卵3至5枚，白色，雌雄轮流孵卵，孵化期约30天。东方白鹳在东北中、北部繁殖；越冬于长江下游及以南地区。

东方白鹳体态优美，长而粗壮的嘴十分坚硬，呈黑色，仅基部缀有淡紫色或深红色。其嘴的基部较厚，往尖端逐渐变细，并且略微向上翘。其眼睛周围、眼先和喉部的裸露皮肤都是朱红色，眼睛内的虹膜为粉红色，外圈为黑色。

东方白鹳身体上的羽毛主要为纯白色，翅膀上面的大覆羽、初级覆羽、初级飞羽和次级飞羽均为黑色，并具有绿色或紫色的

光泽。东方白鹳初级飞羽的基部为白色，内侧的初级飞羽和次级飞羽除羽缘和羽尖外，均为银灰色，向内逐渐转为黑色。其前颈的下部有呈披针形的长羽，在求偶炫耀的时候能竖直起来。

小知识大视野

红星湿地自然保护区是我国北方森林湿地生态系统的典型代表，具有极高的科学研究价值。红星湿地自然保护区面积较大，物种资源丰富，森林生态系统完整，具有“黑龙江动植物资源宝库”的美称.

红星湿地自然保护区是一个有着典型代表性的自然综合体，是一座天然的物种基因库，是森林湿地生态科研和教学的天然实验基地，是进行环境保护宣传教育的自然博物馆。

赤松乐园——仙人洞

仙人洞国家级自然保护区位于辽宁省庄河市境内，面积3500多公顷，主要保护对象为赤松林、栎林及自然景观。仙人洞地处千山山脉，为长白、华北两大植物区系的过渡地带。

保护区内山势险峻、峰峦起伏，在头道沟沟口有一岩洞，名为仙人洞，是大连市远郊的一个风景胜地，那里分布有大面积的前震旦系假岩溶地貌景观。该区的动植物区系、地质地貌在国内外都有着特殊的保护和科研价值。

仙人洞国家级自然保护区为剥蚀低山，地质构造古老，地貌景观奇特，奇峰怪古林立。其地层属华北地层区辽东分区辽南小区。区内裸露的地层主要是元古界前震旦系和部分新生界第四系地层。

其中，以前震旦系辽河群的榆树砬子组构成本区的地层骨架。山地系由前震旦纪的石英岩、夹绢云母石英片岩和变质砂质岩形成的峰林、山峦、幽谷、岩柱、洞穴、孤石、悬崖地貌景观。

保护区主要以石英岩典型棕壤和石英岩棕壤性土棕壤为主，属于东部森林土壤区域，辽中—华北棕壤、褐土、黑土土区。

其土壤类型为棕壤土类，亚类以棕壤性土棕壤为主。土壤质

地多为中壤土。土壤通气性、透水性及持水能力比较协调，具有较高的肥力水平，有利于林木生长。

保护区属暖温带湿润季风气候区，南濒黄海，夏季受海洋季风影响，多为东南风，冬季多为西北风，寒潮侵袭时有严寒，春秋两季气候凉爽。这里四季温和，雨热同季，光照和降雨集中，并具有一定海洋性气候特点。

该保护区属于长白、华北两大植物区系的过渡地带，具有地带多样性特点。保护区主要的乔木树种有赤松、红松、黑松、麻栎、蒙古栎、糠椴、黄檗、花曲柳、核桃楸、槭树等，顶极植被为赤松、麻栎混交林。

东北地区独有的第四纪冰川残留下的天然亚热带植物有十几种，如海州常山、三亚钓樟等。三亚钓樟，是我国樟科植物分布的最北限，十分珍贵。

保护区拥有目前亚洲面积最大的赤松—栎林顶级植物群落。赤松是寒温带植物，阳性树种，能抗风，生命力强，喜生于干燥的山坡和贫瘠的土地上。

赤松高达40米，胸径达1.5米。赤松的干皮呈红褐色，裂成鳞状薄片后剥落。其小枝呈橙黄色或淡黄色，略被白粉，无毛。针叶为二针一束，细软较短，暗绿色。下部树皮常灰褐色或黄褐色，龟纵裂，上部树皮红褐色或黄褐色，成不规则鳞片脱落。一年生枝呈淡黄褐色，被白粉，无毛。冬芽暗红褐色，微具树脂，呈芽鳞线状披针形，先端微反卷，边缘有淡黄色丝。

赤松一年生小球果种鳞的先端有短刺，卵球形，淡褐紫色或褐黄色，直立或稍倾斜；球果成熟时，呈暗黄褐色或褐灰色，种

鳞张开，脱落或宿存树上，卵形或卵状圆锥形。

这里至少生长着14万棵赤松。工作人员已经在洪真营附近发现了10多棵树龄在160岁以上的赤松。多年来，工作人员有意地保护了危害赤松生长的松干蚧的天敌，维持了良好的生态平衡。

赤松主要分布在亚洲日本海沿岸、辽东半岛和胶东半岛。在日本，赤松有较大面积的分布，但多为五六十年代的人工栽种。仙人洞自然保护区内的赤松林是亚洲的天然赤松古树群，得到了日本植物学家的承认。

在这片赤松古树群中，还隐藏着许多“名木”。在这里，很容易发现在北方少见的亚热带或热带亲缘植物。它们不仅占有相当的空间，而且，在某些地段构成了层片群落，如北五味子、盐肤木、白檀、海州常山、蓝果紫珠。

这里是亚热带植物的最北分布地。在混交林中还生长着人参、天麻、龙胆等名贵中药材。保护区内有国家一级保护植物人参，三级保护植物核桃楸、黄檗、天麻等。此外还有多种真菌如木耳、灵芝、榛蘑等。

保护区内国家重点保护动物有白尾海雕、金雕、中华秋沙鸭、白鹤、秃鹫等。杂色山雀除台湾和辽宁的桓仁有分布外，仅在此区有分布，是典型的东北动物区稀有鸟类。

保护区内的山峦气势磅礴，特别是小峪河两侧的山峰，如刀削斧劈一般拔地而起，山势极为险要。群山中还有许多岩柱、岩墙、岩壁、石林等奇岩耸立。

保护区内有小峪河、莫纳河流过，区内近百条沟岔又与两水相连，形成众多的林间小溪。保护区内有庄河水系和英那河水系。

地下水类型以第四纪松散岩层孔隙水为主，伴有少量的基层裂隙水，泉多为下降泉。区内溪泉众多，形成众多林间小溪，有

的形成瀑布。

小峪河谷位于龙华山北，河谷狭长幽深曲折，河水清柔平静而湍急。两岸峭壁绵亘秀绝，奇峰怪石耸峙嶙峋。崖上岩松多姿，崖下碧潭珠联。这里藤葛攀援缠绕，处处野趣横生。

英纳河谷位于景区北端，是冰峪风景区最雄伟壮观之处。英纳河源远流长，贯穿其中。清澈见底的碧潭，飘飘洒洒的如淌银泻玉。绿树掩映着村舍茅屋，山间禽飞鸟唱，蛙鼓蝉鸣，恰如绝妙的山水画，动人的田园诗。

由“云水渡”沿英纳河谷西行，在英纳河与小峪河的汇合处，便是“双龙会”。人们说在“云水渡”升天的两条龙在这里相会，“双龙会”亦由此而得名。

冰峪沟是整个冰峪风景区的中心，这里九曲十八弯的小河流水分外清澈，这里的山峰千姿百态各具风姿，这里的岩溶景观姿

态各异：有的似神翁骑鹤，有的似虎非虎，有的似玉女腾云，有的似卧狮长啸。

小知识大视野

自然保护区里的龙华山，又叫天台山，古称小华山，海拔500多米。这里山势峭丽，古松竞奇。

在龙华山天台峰前，半山腰悬崖间有一大洞，传说早先洞口石壁上刻有“藏君洞”3个大字，石壁上还刻有：“薛仁贵征辽东，因一时失利，曾藏身于此洞。故名。”

明初高僧宏真来到这里，改“藏君洞”为“般若洞”。因宏真在此修炼成仙，所以当地人又把般若洞改称为“仙人洞”。

该洞有上口和下口，下口处有两眼“龙泉”，常年不枯。泉边有一棵400多年的银杏树，至今仍枝繁叶茂。

京南第一湖——衡水湖

衡水湖国家级自然保护区坐落在河北省衡水、冀州、枣强之间的三角地带，是华北平原唯一保持沼泽、水域、滩涂、草甸和森林等完整湿地生态系统的自然保护区。

保护区生物十分丰富，以内陆淡水湿地生态系统和国家一二级鸟类为主要保护对象。

衡水湖，俗称“千顷洼”，又叫“千顷洼水库”。面积与蓄水规模仅次于白洋淀，是华北平原的第二大淡水湖，单体水面积

位居华北第一。

衡水湖北倚新兴的区域中心枢纽城市衡水市，南靠“天下第一州”冀州，一湖连两城，享有东亚地区蓝宝石、京津冀最美湿地、京南第一湖等美誉。

衡水湖自然保护区边界东至善官村，西至大寨村，南至堤里王，北接滏阳河。

衡水湖区属第四纪基底构造，处于新华夏系衡—邢东隆起东侧的威县—武邑断裂带附近。湖区及东部以亚黏土和黏土为主，中隔堤以轻亚黏土为主。

从地质时期的第四纪全新世以来，衡水湖经历了3个大的演变发展阶段，即早全新世温凉稍湿的湖泊形成阶段，中全新世温暖湿润的扩展阶段及晚全新世温凉偏干的收缩阶段。

从环境演变的阶段来看，衡水湖形成的今日的湿地生态环

境，具有自然性、稀有性、典型性和生态脆弱等特点。

衡水湖区有优良的地热资源，沿滏阳新河呈带状分布。其南界在南良至小候一线，地势储层分第三系孔隙类型和基岩碳酸裂隙岩溶型两大类型。

保护区属暖温带大陆季风气候区，四季分明。衡水湖湿地和鸟类自然保护区处于太行山麓平原向滨海平原的过渡区，为鸟类南北迁徙的必经之地。

其独特的地理位置和优良的水质，孕育了丰富的物种多样性，有着很高的生态价值和经济价值。

保护区的主要保护对象是作为水禽栖息地的以湖区为主体的湿地生态系统。在衡水湖栖息的鸟类多达300多种，其中国家一级保护的鸟类有丹顶鹤、白鹤、黑鹳、东方白鹳、大鸨、金雕、白肩雕等。

国家二级保护的鸟类有大天鹅、小天鹅、灰鹤、白枕鹤、蓑羽鹤、角䴙䴘、斑嘴鹈鹕、黄嘴白鹭、鹗、隼、鹰、白琵鹭、鸳鸯、彩鹮等。

春、夏、秋季在湖区栖息的须浮鸥、雁、鸭、大苇莺、灰椋鸟等每种都有数万只。湖内人鸟共生，更增添了几分诗情画意。

衡水湖水源充足，水量丰沛。丰水季节，这里碧波粼粼，一望无际。湖内水清草茂，是淡水养殖的理想场所。

衡水湖周边土壤为潮土，成土母质为河流沉积物，沙、壤、黏质俱全。衡水湖的主要作物有小麦、玉米、棉花、大豆等，区内有众多的林木、果树、花卉等。

保护区目前发现植物有苔藓植物、蕨类植物、裸子植物等。水生植物生长优良，其中常见有大型水生植物。

保护区内的优势种主要为世界广布种，其次为温带种。区系植物出现明显的跨带现象，在不同的植被带内由许多相同的种类组成相似的群落，具有显著的隐域性特点。

陆生植物区系的地理成分以温带为主，世界广布种、热带分布种等各种类型均有分布，也表现出其地理成分的多样性。

保护区草本类型占主要地位，温带特征显著。保护区植物中

的木本植物仅有柽柳科柽柳属、杨柳科柳属、豆科洋槐属等少量种类。

保护区地带性植被属于暖温带落叶阔叶林。群落结构一般比较简单，由乔木层、灌木层、草本层组成，很少见到藤本植物和附生植物，林下灌木、草本植物较多。

该自然保护区内的动物群带有明显的古北界动物特色，东洋界成分开始向北渗透。已鉴定的各种野生动物主要包括鸟类、鱼类、哺乳类、爬行类、昆虫类、浮游动物和底栖动物等，其中鸟类较多。

由此可见，衡水湖自然保护区是华北平原鸟类保护的重要基地，是开展鸟类及湿地生物多样性，并对其进行保护、科研和监测的理想场所，也是影响全国鸟类种群数量的重要地区之一。

据考证，衡水湖为浅碟形洼淀，由太行山东麓倾斜平原前缘的洼地积水而成，属黑龙港流域冲积平原中冲蚀低地带内的天然

湖泊。历史上，衡水湖是古代广阿泽的一部分，广阿泽包括任县的大陆泽和宁晋县的宁晋泊。

历史文献记载，衡水湖曾称信都泽、博广池、冀州海子等。相传，公元前602年以前，在这里有一个大湖泊，黄河流经于此。

河北省地理研究所《关于河北平原黑龙港地区古河道图》表明，在衡水、冀州、南宫、新河、巨鹿、任县、隆尧、宁晋、辛集一带确有一个很大的古湖泊遗迹，古湖长约67千米，后来湖泊渐淤，分成现在的宁晋泊、大陆泽和衡水湖。

衡水湖在历史资料中多有记载。《汉志》中提到："信都县有泽水，称信泽。"《洪志》中指出："海子所谓河也，又称泽水，即冀州海子。"

《真定志》记载：

衡水盐河与冀州城东海子，南北连亘五十余里，旧名冀衡大洼。

清代贺涛《冀州开渠记》中说：

滏水自西南来，至州北境，折而东，横亘衡水界中。县城俯其南，并岸而西四五里，左转至冀州城东。

地淤下，广五里，狭亦不减三里，北二十余里隶于县者曰衡水洼，南十余里，隶于州者曰海子。

清代《吴汝纶日记》中也提到：

冀州北境直抵衡水，地势洼下，乃昔日葛荣陂也。

据考证，上面几处提到的“信泽”“海子”“泽水”“冀衡大洼”“衡水洼”“葛荣陂”等，就是现在的衡水湖。衡水湖在历史上曾为黄河、漳河、滹沱河故道，水灾频繁。据《冀县志》中提到：“方四十里，斥卤弥望，地不生毛。”

故治理开发衡水湖就成了历代州官利民成业的一件大事。隋朝的州官赵煚曾在此处修赵煚渠。637年唐朝冀州刺史李兴也曾利用赵煚渠引湖水灌溉农田。

清乾隆年间直隶总督方敏恪曾将衡水湖水“建石闸三孔，宣

泄得利”，使这片荒地变成沃田。知州吴汝纶鉴于1884年开渠通滏，挖成一条长30多千米、宽7丈、深丈余的泄水河。人们为了纪念他，称此渠为“吴公渠”。

尽管历代州县曾多次治理衡水湖，以趋利避害，造福民众，但真正科学规划、整体治理衡水湖还是在新中国成立以后。

1958年，冀县对衡水湖重新治理，在洼内筑西围堤，搞东洼蓄水灌溉，但因工程不配套，提水能力差，长期的高水位蓄水致使周围土质盐渍化，故于1962年放水还耕。

1972年冀县修建东洼水库。1974年衡水地区又组织冀县、枣强、武邑、衡水四县重修东洼。1977年这里又开始扩建西洼，至1978年为止，将衡水湖建成了一个能引、能蓄、能排的成套蓄水工程，习惯上称之为“千顷洼水库”。

2000年，这里被国家林业局和省政府批准为河北省衡水湖湿

地和鸟类省级自然保护区。2003年，它又被批准为国家级自然保护区。

小知识大视野

相传在很早以前，大禹治水来到冀州。他看到滏阳河的河道窄狭，洪水季节经常泛滥成灾，便决计开挖河道。玉皇大帝见大禹治水辛苦，就派金龟将军前来帮助。

有一天，大禹对金龟将军说："滏阳河是太行山以东天水入东海的主要河道，应该挖宽一些。"金龟将军因酒醉神志恍惚，将大禹"挖宽一些"的指令，误听为"挖弯一些"。结果，他迷迷糊糊地将滏阳河挖成了九曲十八弯，所以直到现在滏阳河还是弯弯曲曲的。

天然动植物园——百花山

百花山国家级自然保护区位于北京市门头沟区清水镇境内，属于森林生态系统类型自然保护区，是北京市目前面积最大的高等植物和珍稀野生动物自然保护区。

百花山的主峰海拔1991米，最高峰百草畔海拔2000多米，为北京市第三高峰。百花山动植物资源丰富，有四4个植被类型，10个森林群落。

百花山动物种类繁多，其中有国家一级保护动物金钱豹、褐马鸡、黑鹳、金雕，国家二级保护动物斑羚、勺鸡，市级保护动物50余种。

百花山的地文资源奇特，有在全新世早期寒冷气候条件下形成的古石海、冰缘城堡、冰劈岩柱等山石资源，有典型的地质结构、标准的地质剖面、火山熔岩景观、奇特的象形石和自然灾害遗迹。主要代表形态有“天然长城”、“母子石”、“震山石—锦簇攒天”东梁的“驼峰”及“文殊像”等。

百花山山坡呈阶梯状，最高一级在百花山顶部三角塔台和百草畔，海拔1800~2000米，宽阔平坦，保留着晚更新世或全新世早期寒冷气候条件下形成的古“石海”、冰缘“城堡”和冰辟岩柱等。

百花山山坡的第二级在中咀、大木场一带，海拔1400~1600米。第三级在海拔1100~1200米地带。每级台地上都覆盖着一层厚的黄土。

百花山山体主要由于火山喷发、剥蚀形成。山势高峻挺拔，地质环境独特，风景优美。这里群山环抱，气候宜人，奇峰连绵，溪水潺潺，云遮雾障，令人心旷神怡。

百花山水资源相当丰富，条条沟壑溪水长流，自海拔900米~2000米处均有清泉分布，且水质极好，无污染。

百花山风景独特，气候宜人，群山环抱，奇峰连绵，溪水潺

潺，奇花异草，稀禽珍兽分布其中。

百花山地处暖温带半湿润大陆性季风气候区，四季特征明显，昼夜温差大。百花山环境独特，风景优美，气候凉爽，空气新鲜，无蚊虫叮咬，无噪音干扰，是避暑休闲胜地。

百花山保护区有高等植物多种，其中菊科、禾本科、蔷薇科、豆科、毛茛科、石竹科为大科，每科有30多种植物，植物类型为破坏后待恢复的山地混合森林生态系统。百花山保护区森林是北京山地森林中林相保持较好的次生林，对涵养水源，保持水土、维持生态平衡起到了很大的作用。

森林植被垂直分异明显，海拔1000~1200米之间以油松林、栎类林和油松栎类混交林为主；海拔1200~1600米之间以山杨林、桦树林为主；海拔1600~1900米之间以云杉、华北落叶松林和云杉桦树针阔叶混交林为主；海拔1900米以上的山脊、山顶则是亚高山草甸。

红桦是北京地区的稀有树种，其干之皮色鲜红和紫红，呈薄层状剥落，生长在海拔1000米以上的山坡上，常与淡绿的山杨、黄花柳混生，是北京地区少有的森林景观。

辽东栎林多分布在海拔1250~1700米的阳坡、半阳坡，但在海拔1500~1600米处生长得最好，是百花山最稳定的一种森林类型。百花山药用植物有200多种，如五味子、刺五加、沙参、党

参、柴胡、桔梗、茜草等；野生花卉种类丰富，如太平花、八仙花、绣线菊、蓝荆子、铃兰和胭脂花等。

百花山保护区有野生哺乳动物20多种，主要有狍、青羊、狗獾、果子狸、黄鼬、狼等；爬行动物有蝮蛇、麻蜥等；鸟类种类较多，有环颈雉、石鸡、勺鸡、岩鸽、山斑鸠等；益鸟有红隼、杜鹃、夜鹰、戴胜、伯劳、啄木鸟等。保护区内的国家级保护动物有豹、勺鸡、红隼等。

在百花山的落叶松林下，常有众多的蚁冢集中分布。每逢采食和繁殖季节，成千上万只黄蚁在蚁冢周围穿行忙碌，其场景甚是奇特，成为百花山的一个奇景。

日出，是一种自然景观，在百花山观日出，更是一大胜景。鸡鸣前后登至山顶，此时天空繁星闪烁，京城灯光点点，一轮红日由东方冉冉升起，真是“晓日映京城，百花山林红，此处游胜

地，流连步履蹒跚。”

百花山的夏秋季节经常是云雾茫茫，时而浓重，时而飘散，或翻或涌，或奔或泻，似水墨丹青画卷。

百花山以花繁著称，众多的花卉植物成就了百花山的三季花香。位于顶峰附近的亚高山草甸，生长着40余种草甸植物，5~8月花开季节山花烂漫，姹紫嫣红，蝶去蜂来，如同花的世界，花的海洋。

在山顶峰以下的天然次生林和灌草丛落里，也分布着许多花卉植物，山桃花、山杏花、暴马丁香、映红杜鹃、山荆子等，各色鲜花漫山遍野、争奇斗妍，把整个百花山的春天装扮得花团锦簇、色彩斑斓。

六七月，太平花、锦带花、百花花楸、三亚绣线菊等花色各

异，为凉爽的夏季增添了浓厚的诗情画意。秋季，花果相伴，百花山的景色更是美不胜收。

小知识大视野

百花山，明称百花坨。据《百花山碑记》云：京城西柱百花山，乘北岳之势，延太行之脉，与大小五台，东西灵山接踵于晋冀，横跨于房宛。秀水奇峰揽育万物，奇花异草无以胜数，鸟兽云集四季不徒。崆峒之上环抱京城如箕，千山拱护雄关叠嶂。遥看日出东方如盖，浮云如海，偶有山顶烈日，云海风驰电掣，山下大雨如注之奇观。这是古人对百花山具有“秀逸、雄奇、幽深、瑰丽”的真实写照。

圣水之湖——查干湖

查干湖国家级自然保护区位于我国吉林省西北部霍林河末端与嫩江的交汇处，主体在松原市前郭尔罗斯蒙古族自治县境内，部分位于白城的大安市和松原的乾安县。

保护区以半干旱地区湖泊水生生态系统、湿地生态系统和野生珍稀、濒危鸟类为主要保护对象。

保护区地貌的主要特征是低平起伏，东南高，西南略高，中央及东北低。查干湖的东川头、西川头、青山头一带地势较高。

在查干湖附近地势低洼，湖旁残留有二级河流阶地，几个较

大的湖泡水位有所差别，也有一些相对高度不大的砂丘。

根据成因和形态特征，该区域地貌可划分为冲积湖积平原与河谷冲积平原。冲积湖积平原分布于查干湖湖区低洼处，河谷冲积平原分布于霍林河河谷及嫩江古河道。

保护区大部分地段为冲积湖积平原，其中微波状岗地分布于南部和北部，分布面积较大，表层岩性为第四系上更新统顾乡屯组黄土状壤土，在查干湖周围多呈现为侵蚀岗地。

微倾斜平地分布于西部及南部，表层岩性为第四系上更新统顾乡屯组黄土状壤土。湖沼洼地分布于湖泡的周围，呈草原景观，表层岩性为全新统湖沼堆积壤土，盐渍化较发育。

河谷冲积平原分布于西部霍林河河谷和嫩江河谷，发育有一级阶地和河漫滩，查干湖区为湖沼洼地。其表层岩性为全新统冲积壤土、黏土及湖沼堆积的淤泥质土类。

保护区的气候为中温带半湿润大陆性季风气候，四季分明。

保护区的河流主要有嫩江和霍林河。嫩江发源于黑龙江省大兴安岭山脉伊勒呼里山，流经黑龙江、内蒙古、吉林三省，嫩江右岸多支流，左岸支流较少，下游洮儿河、霍林河在吉林省境内汇入嫩江。

霍林河发源于内蒙古自治区扎鲁特旗后特勒罕山，由西南流向东北，流经霍林郭勒市折向正东，进入科右中旗吐列毛都处与南来的坤都冷河汇合后再折向东南，流经白云胡硕、高丽板。水流在吉林省通榆县后分为南北两股，分别穿过平齐铁路线桥涵进入大安后又合二为一，水流穿过通让铁路桥涵进入查干湖。当湖水面增大，水量增多时，溢出的水流穿过长白铁路桥涵进入嫩江。

霍林河两岸大部分为农牧区，居民点很少，在下游通榆县境内，两岸有众多波状沙丘，河流穿行于苇塘或沼泽之中，局部河段呈潜流，干涸状态。因为只有大水年份河流才能进入到查干湖，所以称霍林河为无尾河。

查干湖湿地位于吉林省西部半干旱地区，保护区的主要水源为引松花江水、周边湖泡来水及区内的天然降水、前郭灌区排水、霍林河来水、深重涝区排水等。

保护区内的野生动植物种类丰富，呈现出物种多样性、珍稀性及环境的典型性等重要特征。

保护区内的动植物资源日益丰富，其中，国家一级保护的鸟类有东方白鹳、黑鹳、丹顶鹤、白头鹤、白鹤、金雕、白尾海雕、大鸨等，国家二级重点保护的鸟类有大天鹅、白枕鹤、灰鹤、白琵鹭、白额雁、鸳鸯等。

查干湖除了盛产鲤鱼、鲢鱼、鳙鱼、鲫鱼等15科68种虾类，芦苇和珍珠水产资源外，这里还是野生动物的乐园。

查干湖胖头鱼，是吉林省前郭尔罗斯蒙古族自治县内的查干湖一带特产鱼类。由于这里特殊的气候条件和生长环境，这里的胖头鱼品质优异。查干湖胖头鱼味道鲜美纯正，肉质细嫩，个大体肥，肥而不腻。

胖头鱼，学名鳙鱼，又名花鲢。因为头大，民间故称其为胖头。它生活在水的上层，性情比较温和，主要食水中的浮游动物，也食浮游植物，适宜于大型湖泊、水库放养。

查干湖胖头鱼富含人体所需的蛋白质、氨基酸、高不饱和脂肪酸和多种微量元素，味道鲜美，营养丰富，经常食用，可以起到健脑、保健的作用，可以预防高血压、心脑血管等疾病，能延年益寿，是当今消费者首选的绿色、有机食品。

查干湖的冬捕场面最为独特和壮观，数九寒天，上千人冰上作业，几十辆机动车昼夜运输，几十万斤鲜鱼破冰而出，其场面堪称全国之最。

查干湖冬捕前要举行跳舞、祭湖、醒网等仪式，这一习俗从辽金延续到现在已有几百年的历史了。头鱼拍卖更是热闹，一条鱼能卖到上万元。

吃头鱼能带来好运，据说历来帝王就喜欢吃查干湖的头鱼，预示江山稳固、风调雨顺。查干湖冬捕曾获单网捕鱼量最多的世界吉尼斯纪录，一网能捕5万多千克。

保护区内的植物资源主要有水生植物群落、沼泽植物群落、杂类草群落及木本植物群落。

水生植物群落是指生长于湖泊、水库和池塘中的植物群落。吉林省西部的湖泊密集，查干湖是东北地区西部最大的天然湖泊。

浮水植物漂浮于水面，根系悬浮于水中或扎于湖底的泥土中，而叶片及花则漂浮于水面之上。保护区内最常见的浮水植物有荇菜、浮萍、多根萍、槐叶萍及菱角等。

沉水植物全部沉于水中，根系固着于水底的泥土中，主要分布于湖泊或池塘的深水区域。保护区最常见的沉水植物有菹草、金鱼藻、狐尾藻、线叶眼子菜等植物。其中，沼泽植物群落又分为下列几种：

芦苇—苔草群落。该群落在形成初期以芦苇为主，后有苔草侵入，由于常年积水，植物的种类相对较少，以种子植物为主，伴生有少量的苔藓及蕨类。代表植物有芦苇、小叶章、小白花地榆、苔草、驴蹄草和箭叶蓼等。

香蒲—芦苇群落。在群落在查干湖地区较为普遍，主要分布于河滩地，地表长期积水，土壤为腐殖质沼泽土，常见的植物有香蒲属的各种植物，如宽叶香蒲、狭叶香蒲及普氏香蒲等。该群

落的外貌为绿色，夏秋季节，果穗为褐色，除了香蒲外，芦苇也不少，等植物有戟叶蓼、箭叶蓼、节蓼及杉叶藻等。

塔头沼泽群落。形成以塔头苔草为优势种形成斑点状的草丘，盖度为90％以上。伴生植物有小叶章、水蓼、狐尾藻等。

菖蒲群落。该群落分布于查干湖附近的河滩洼地和中小河流的旧河道中。群落的地表有薄层的积水，土壤以淤泥沼泽土为主。植物种类较为贫乏，以菖蒲为建群种。伴生的植物有苔草、泽芹、水蓼、地瓜儿苗及箭叶蓼等。

在查干湖附近地势较高处，季节性的洪水淹不到的地方，常有草原区典型植被的存在。其主要代表植物为羊草，为根茎植物，喜生于中性或偏碱性的土壤中。它的适应性强，分布广。它的伴生植

物有拂子茅、细叶地榆、五脉山黧豆、水蒿和黄花菜等。

杂类草群落。该群落主要分布于低海拔的林间空地或谷地的边缘。在草原区形成斑块状的分布，没有明显的优势植物，其中多为双子叶植物，花大，色泽鲜艳，五彩缤纷。杂类草群落俗称为“五花草塘”或“狗肉地”。主要植物有地榆、蚊子草、风毛菊、野豌豆等。

在查干湖附近地区，开垦的农田，由于耕作数年后，土壤的肥力递减，而当地很少施肥，所以只有弃耕而另开垦新的荒地，土地撂荒后，便任凭杂草丛生了。

旱田里，多半是耕地的农田杂草，如黄蒿、野艾蒿、东北苦菜、苣荬菜等。在撂荒的水田里生长的多半为水田杂草，如水稗草、千屈菜、牛毛毡苔草及苔草等。

在查干湖地区也生有少量的木本植物 ，其中一些杨树及柳树

成块状分布，多为人工种植；另有一些树木或灌木为自然生长，如榆树、胡枝子及枸杞等。

小知识大视野

查干湖又名查干淖尔，蒙古语意为白色的湖。查干湖位于吉林省西部松花江畔的前郭尔罗斯大草原上，总面积420平方千米，是中国十大淡水湖之一，是吉林省最大的内陆湖泊，也是吉林省著名的渔业生产基地，盛产胖头鱼、鲤鱼、鲢鱼等68种鱼类。每年12月末至春节前的一段时间，是渔民进行大规模冬季捕鱼作业的黄金时间。

据了解，这种渔猎文化源于史前，盛于辽金。另外，也因冬季捕鱼易于保存运输，所以这一古老的冬捕方式一直延续至今，千年不变。

火山口湖群——龙湾湿地

龙湾国家级自然保护区位于吉林省长白山北麓龙岗山脉中段、通化市辉南县境内，其东部、南部以龙岗山山脊为界，与靖宇、柳河县相邻，西部和北部与辉南森林经营局接壤，东南端以鸡冠山为顶点，南北与东西走向的龙岗山脉为两腰。

龙湾保护区是自然生态系统类型的保护区，其重点保护对象是以火山地貌为基础形成的湿地生态系统、多种多样的生物物种和生态环境。

龙湾保护区有着原始的火山地貌风光，有独特的火山喷发形

成的湿地景观，包括由火山口湖向湿地演替的全过程，举世罕见，是我国最大的火山口湖群。

该区属于北温带大陆性季风气候。这里四季分明，春季风大干旱，夏季湿热多雨，秋季温和凉爽，冬季漫长寒冷。其降水时间分布受气候的影响显著，夏季雨最集中，冬季降水最少。

龙湾是由古地质年代火山玄武质爆炸式喷发而成的低平火山口湖，地质学称其为玛珥湖。大约在早更新世晚期—中更新世早期，该地区火山运动频繁剧烈，形成了龙岗山脉独特的火山地形地貌和众多的火山口湖与火山锥体，这是我国分布密度最大的火山口湖群，世界上最典型的玛珥湖群。

龙湾是以火山地貌为基础形成的湿地生态系统类型。在60万年前，这里频繁而剧烈的火山运动，形成了众多的火山口湖。由于火山喷发所形成的火山口湖群湿地，构筑了本区地貌的湿地景观。其独特的生态结构及生态系统，在生物多样性保护中具有典型的代表意义。

龙湾保护区内火山活动形成的多种火山口地貌，为沼泽湿地的形成和发育提供了优越自然条件。由于这些火口湖、堰塞湖的大小不一，形状各异，湿地类型多样，水深不同，其湿地的发育情况也有差异，这里成为我国少有的特殊成因类型的湿地分布区。

保护区最东南端的鸡冠山为全区最高处，西北与西南两端海拔较低，最低处位于南端后河村。在大地构造上，该区位于中朝准地台的北部边缘，铁岭至靖宇隆起的中段，北部与样子哨至三源浦断陷接壤，南部毗邻浑江断陷，中部隆起部分为太古界鞍山岩群组成的龙岗古陆。

龙岗火山群总体沿东西向分布，火山地貌发育是该区的一大特点。该区自晚第三纪以来多处发生过多次火山喷发，形成了火山锥、火山湖、熔岩谷地和台地。

正是这些多种多样的火山地貌形态为森林和湿地提供了发育的基底。森林原为地带性红松针阔叶混交林，这里，原始林已为数有限，多为次生林。

在海拔较高的鸡冠山和金龙顶子的山顶部，分布有针阔叶混交林，大部分山地的丘陵坡地分布夏绿杂木林和蒙古栎林。在沟谷分布有水湖林，局部阳坡分布有白桦林，阴坡有臭冷杉林。

沼泽湿地类型较多，既有现代火口湖湖泊湿地，也有火口湖经过漫长岁月的沼泽化过程，即湖面消失，全部成为沼泽。其中，有的经过数百年、数千年甚至万年以上的地质年代形成的沼泽，还有的是玄武岩熔岩地、熔岩台地及其上的各种洼地由于排水不畅而形成的沼泽。另外，还有的是山间河滩地因为地表常年过湿形成的沼泽。此外，部分火山口积水成湖，形成“龙湾”，

构成了该区重要的生态景观要素。有的火口湖经过长期的沼泽化演替过程，形成独具特色的沼泽，俗称“旱龙湾”。熔岩谷地和熔岩台地的低洼地带，由于排水不畅，造成土壤水分过饱和地表积水也会形成大面积的沼泽湿地。

火山—森林—湿地景观要素通过物质迁移的纽带有机地组合，构成了独具特色的生态系列。

龙湾保护区地处长白山北麓，地带性土壤为暗棕土壤，由于其独特的地形和水文地质条件，尤其是火山喷发，本区还发育有白浆土、沼泽土、草甸土等土壤类型。

保护区的森林覆盖率达75％以上，该区的植被类型属长白山植物区系，原始植被红松针阔混交林现已退化为次生阔叶林。

据初步调查统计，该区野生植物主要包括地衣植物、苔藓植

物、蕨类植物、裸子植物和被子植物等。保护区内，国家一级重点保护野生植物有东北红豆杉和人参。国家二重点保护野生植物有红松、野大豆、水曲柳、黄檗、钻天柳、紫椴、刺五加、核桃楸和东北茶藨藨子。其中，红松、水曲柳、黄檗、核桃楸、桂皮紫萁、紫椴、人参和北五味子等是古老第三纪孑遗植物。

龙湾国家级自然保护区动物种类繁多，组成复杂，生物多样性十分丰富。该保护区内有野生动物200多种：国家一级重点保护野生动物有东方白鹳、金雕、紫貂。国家二级重点保护野生动物中鸟类有黄嘴白鹭、鸳鸯、苍鹰、雀鹰、松雀鹰、普通鵟、大鵟、毛脚鵟、鹊鹞、白尾鹞、白腹鹞、燕隼、红隼、红脚隼、灰背隼、花尾榛鸡、普通雕鸮、普通角鸮、领角鸮、长耳鸮、短耳鸮、长尾林鸮等。兽类有棕熊、黑熊、猞猁、青鼬、水獭、原麝和马鹿等。

大龙湾景点位于金川镇金川屯南，是龙湾群国家森林公园7个龙湾中水域面积最大的一个龙湾，属低平火山口湖，即玛珥湖。这里水质清纯，群山环抱，生态优良，呈阔秀之美。

三角龙湾位于金川镇金川屯以东，是由两次以上火山喷发形成的连体火山口湖，亦属玛珥湖。三角龙湾沿岸曲折有致，壁险峰奇，水色碧绿深幽，神奇曼妙，具雄秀之美，因水面呈三角形而得名。

湖心有一小岛如天外飞石孤立水中，白云碧水间，映霞壁、三剑峰、白龙泉等生态奇观将三角龙湾装点得如诗如画，景致居诸龙湾之首。旱龙湾位于三角龙湾西南侧，是火山口湖演替为森林湿

地的生态景观。初春时节，这里水鸟云集，生机盎然。夏季来临之时，紫色鸢尾花开似锦，清风徐来，蝶飞蜂舞，美艳之极。

东龙湾位于金川镇东龙湾屯南，是龙湾公园内7个龙湾中垣口最圆、深度最大、水质最清、保存最完整的火山口湖，也是最典型、最完美的玛珥湖。其环湖崖壁相对高度在70米以上，树高林密，生态系统完整优良。

南龙湾位于金川镇南龙湾屯以东，是两次以上火山喷发所形成的连体火山口湖，因此湖面垣口呈“葫芦”状，水映蓝天，树影婆娑，景致典雅，风光旖旎，享锦绣之美誉，是盛夏时节避暑垂钓的乐园。

二龙湾位于金川镇吴家趟子屯西南，垣口与东龙湾相近，也为典型的玛珥湖，四周山势起伏有致，生态优良。

小龙湾位于大龙湾西南侧，岸边湖水较浅，密生芦苇，环境幽谧，是水鸟理想的栖息之地。

吊水壶瀑布位于大龙湾东南侧。原发于长白山系龙岗山脉的响水河，流经于此，因火山运动导致河床段跌，形成高约4米、宽约13米的瀑布。该瀑布水泻如练，滚珠落玉，恰似一把硕大的水壶悬于林间，故当地人称其为“吊水壶瀑布”。

四方顶子山是龙湾景区内最高的玄武岩质火山锥，也是辉南县境内的最高山峰。开阔平坦的峰顶在高山气候的作用下，形成了奇特的林相和植物群落，这里绿草如茵，野花似锦，古树虬枝，千姿百态，物竞天择，生生不息，昭示着大自然神奇的力量与风雨沧桑，呈现出一幅近乎远古时期的生态景观，有高山花苑之美誉。

金龙顶子山位于大龙湾与吊水壶景区之间，是火山渣与玄武质火山锥体。这里山势高耸巍峨，林深树密、生态完整。登上山顶，可远眺群山、云海、村落，亦可俯视大龙湾、三角龙湾等火山口湖。

小知识大视野

龙湾，是古地质年代由火山喷发而形成的高山湖泊。在我国古代的民间传说和故事里，这里是龙栖息生存的独特区域，给人们一种神秘而又美轮美奂的想象空间。

极似七星北斗状排列的7个龙湾，平均水深50米左右，最深处达126米。其湾水碧蓝如玉，形态景致各异，似颗颗明珠散落在崇山峻岭之中。其数量之多、分布之集中、形态之迥异、保存程度之完整居国内首位。

天鹅故乡——鄱阳湖

鄱阳湖位于江西省境内，古称彭蠡，是我国最大的淡水湖泊。它承纳赣江、抚河、信江、饶河、修河五大河，经调蓄后，由湖口注入我国长江，每年流入长江的水量超过黄河、淮河、海河三河水量的总和，是一个季节性、吞吐型的湖泊。

鄱阳湖是世界自然基金会划定的全球重要生态区，是生物多样性非常丰富的世界六大湿地之一，也是我国唯一的世界生命湖泊网成员，集名山、名水、名湖于一体，其生态环境之美，为世界所罕见。

鄱阳湖生态经济区是我国南方经济最活跃的地区，它位于江西省北部，包括南昌、景德镇、鹰潭三市，以及九江、新余、抚州、宜春、上饶、吉安市的部分县和鄱阳湖全部湖体在内。

鄱阳湖是我国重要的生态功能保护区，承担着调洪蓄水、调节气候、降解污染等多种生态功能。鄱阳湖又是长江的重要调蓄湖泊，年均入江水量约占长江径流量的15％。

鄱阳湖西接庐山，北望黄山，东依三清山，南靠龙虎山，是亚洲湿地面积最大、湿地物种最丰富、湿地景观最美丽、湿地文化最厚重的国家湿地公园。

鄱阳拥有湖泊1000多个，各种独具风格的湖遍布全县，到处湖光潋滟，有“我国湖城”“东方威尼斯”之美誉。

鄱阳湖国家湿地公园以自然的鄱阳湖、河流、草州、泥滩、岛屿、泛滥地、池塘等湿地为主体景观，湿地资源丰富，类型众多，极具代表性。

鄱阳湖国家湿地公园内拥有江南最密集的“ 湖 ”、最高贵的“ 鸟 ”、最多姿的“ 水 ”、最温柔的“ 荻 ”、 最诗意的“ 草 。”

鄱阳湖国家湿地公园内分布的野生动物种类繁多，这里聚集了许多世界珍稀濒危物种，并保存了一定数目，是保存生物多样性的重要地方。鸟类是人们最熟悉也是最重要的组成部分。

世界上98％的湿地候鸟种群皆汇于此，飞时不见云和日，落时不见湖边草。鄱阳湖是白鹤等珍稀水禽及森林鸟类的重要栖息地和越冬地。

白鹤是我国的一级保护动物，野外总数大约为3000只，其中90％在鄱阳湖越冬。白枕鹤为我国二级保护动物，野外大约有5000只，其中60％在鄱阳湖越冬。潘阳湖国家湿地公园是举世瞩目的白鹤王国，场面非常壮观。

一到冬天白鹤与天鹅会选择到鄱阳湖越冬，其景堪称天下奇观，而潘阳湖也成为了白鹤的天堂，天鹅的故乡。

天鹅是一种冬候鸟，其保护级别为国家二级保护动物。它们喜欢群栖在湖泊和沼泽地带，主要以水生植物为食。每年三四月间，它们大群地从南方飞向北方，在我国北部边疆省份产卵繁殖。

雌天鹅都是在每年的五月间产下二三枚卵，然后雌鹅孵卵，雄鹅守卫在身旁，一刻也不离开。一过十月份，它们就会结队南迁，在南方气候较温暖的地方越冬。

鄱阳湖是中国最大的淡水湖，每天有数以百万计的候鸟从遥远的西伯利亚来到这里过冬，其中光天鹅就有80000多只，可以说鄱阳湖就是中国的天鹅湖。

由于受暖湿东南季风的影响，鄱阳湖年降雨量平均达1600多毫米，从而形成“泽国芳草碧，梅黄烟雨中”的湿润季风型气候，并成为著名的鱼米之乡。

这里的环境和气候条件均适合候鸟越冬，因此，在每年秋末

冬初，从俄罗斯西伯利亚、蒙古、日本、朝鲜以及中国东北、西北等地，飞来成千上万只候鸟，直到翌年春它们才逐渐离去。

如今，保护区内鸟类已达300多种，近百万只，其中珍禽50多种，这里已是世界上最大的鸟类保护区。

保护区内珍贵、濒危的鸟类还有白鹳、黑鹳、大鸨等国家一级保护动物；斑嘴鹈鹕、白琵鹭、小天鹅、白额雁、黑冠鹃隼、鸢、黑翅鸢、乌雕、凤头鹰、苍鹰、雀鹰、白尾鹞、草原鹞、白头鹞、游隼、红脚隼、燕隼、灰背隼、灰鹤、白枕鹤、花田鸡、小杓鹬、小鸦鹃、蓝翅八色鸫等国家二级保护动物。

每年春、秋、冬三季，潘阳湖芳草萋萋，草深过膝。一到冬季，潘阳湖则芦苇丛丛，芦花飞舞、候鸟翩飞、牛羊徜徉，让人流连忘返。潘阳湖也因此被誉为“我国最美的草原”

鄱阳湖烟波浩渺，气势磅礴，湿地公园内河流众多，溪水蜿

蜒，农田蔓延，芦苇片片。这里湖光山色，景色幽静，环境优雅，空气清新，溶山水之灵气于一方，汇自然与人文为一体。

鄱阳自古“稻饭鱼羹”，是江南有名的“鱼米之乡”。地处鄱阳湖滨，鱼是除稻之外的主食之一，长此以往，食有所择，烩有所究，于是这里又有“春鲇、夏鲤、秋鳜、冬鳊”四季时鱼之分。

春鲇：鲇者，粘也。鲇鱼有涎遍布全身，腥滑粘腻，所以有此雅名。作为底层鱼类，春鲇喜性荤食，常栖深水污泥之中。入秋春鲇则蛰伏泥淖，春时非常活跃，进食日增，体膘时长。

夏鲤：鲤为广食性鱼类。长期以来，鲤为吉祥的象征，“鲤鱼跳龙门”，使鲤在人们眼中有着升腾的隐喻，年节婚庆，红白喜事，人们都喜欢以鲤鱼入席。

然而，鲤鱼味道真正鲜美，唯有夏季。这种鱼仲春产卵，消耗较大。只有随着水温上升，食物增多，因为产卵而消瘦的鲤鱼，才会渐渐变得背圆体丰，肉脂明显增多，味道愈显鲜美。

秋鳜：鳜在农历三四月产卵，是嗜荤鱼类。随着它的长大，其食欲也逐日增大。凭着它的阔嘴坚腭和一个特殊的胃囊，它饕餮不息，吞食不已，鱼膘也逐日增厚，肉质鲜嫩，皮紧若面筋，味美如子鸡。当然，鳜鱼是四时佳鱼，而秋季食用尤为上乘。

冬鳊：鳊鱼的正名叫鲂。“鲂者，腹内有肪也。”此鱼为中水鱼群，农历四、五月产卵，入秋后喜在河港深潭集群越冬，因而并没有进入冬休状态。所以有渔俚说“入冬之鲂，美如牛羊”。冬鳊，依然是其肪如凝，肉嫩味美。

鄱阳湖大孤山一头高一头低，远望似一只巨鞋浮于碧波之

中，故又称“鞋山”，位于九江市湖口县以南的美丽浩瀚的鄱阳湖中。

大孤山是第四纪冰川时期形成的小岛，它高出水面约90米，周长千余米。大孤山三面绝壁，耸立湖中，仅西北角一石穴可以泊舟。大孤山山上有丰富的人文景观，大禹曾在此山岩刻石记功，唐时建有大姑庙。民间传说此名为玉女大姑在云中落下的绣鞋变化而成，因而又名大姑山。

芝山在鄱阳县城北，原名土素山。661年，山上产灵芝3株，刺史薛振上贡朝廷，谎称系灵芝山所产。从此，芝山名扬天下。

小知识大视野

相传古时有一年轻渔郎胡春，在打渔时忽逢狂风暴雨，正在危险之时，有绿衣少女手执明珠，为渔郎导航，方才转危为安。此少女原是瑶池玉女，名叫大姑，因触犯天规，被贬于鄱阳湖，独居碧波之间。两人由爱慕而结成佳偶。渔霸盛泰见大姑美貌似花，顿起歹念，于是趁机加害胡春。

当大姑见胡春被盛泰击伤，欲置之死地时，大姑即将所穿之鞋踢下，鞋子顿时化作峭壁，将盛泰镇压于湖底。此鞋即成为山，也就是大孤山，实为“大姑山”。

物种基因库——鹞落坪

鹞落坪国家级自然保护区位于安徽省西部，北与安徽省霍山县接壤，西与湖北省英山县毗邻，属于大别山主峰分水岭主段。该区覆盖安徽省岳西县包家乡全境。

鹞落坪保护区的主要保护对象为大别山区典型代表性的森林生态系统、国家珍稀濒危野生动植物此外，鹞落坪保护区还是淮河流域磨子潭和佛子岭水库的重要水源涵养林保护区。

该区地跨北亚热带向暖温带过渡地带，“南北过渡，襟带东西”的地理位置，古老的地质历史，复杂的生态环境，形成了这里独特多样的生物资源及自然景观。

鹞落坪保护区森林植被属于北亚热带落叶常绿阔叶混交林带的组成部分。保护区的植物区系属于泛北极植物区，是华中、西南、华北、东北及华南植物与华东植物区系的渗透、过渡和交汇地带，植物区系复杂，植物种类繁多。

鹞落坪保护区有高等维管束植物2000余种，占安徽省总种数的2/3，可谓是大别山区一个宝贵的植物物种基因库。

鹞落坪保护区有国家首批公布重点保护的珍稀濒危野生植物，如大别山五针松、金钱松、香果树、领春木、天女花、银杏、厚朴、凹叶厚朴、连香树、杜仲、白辛树、天目木姜子、黄山木兰、黄山花楸、紫茎、短萼黄连、八角莲、天麻、野大豆、青檀、天竺桂、榧树、巴山榧树等。区内还有国内少见、大面积集中分布的小叶黄杨林、多枝杜鹃林，还有呈块分布的香果树、领春木群落。

鹞落坪保护区地质历史古老，由于受第四纪冰川的影响不大，因此成为许多古老植物的避难所之一，保存了大批的古老孑遗植物及系统演化上原始或孤立的科、属。

在本区被子植物中，单型科有4个，即杜仲科、大血藤科、透骨草科和银杏科；有世界性单型属20多个，如连香树属、香果树属、杜仲属等；有世界性少型属70多个，如领春木属、华箬竹属、大百合属等。

此外区内还分布有相当丰富的古老孑遗物，如银杏、领春木、连香树、金钱松、三尖杉、米心水青冈、杜仲、青皮木等。

这里也是一些进化中的植物繁衍的场所，形成了一批地方特有植物，如大别山五针松、多枝杜鹃、长梗胡秃子、鹞落坪半夏、大别山冬青、美丽鼠尾草等数十种植物的模式标本均采自该区。这里还分布着安徽特有植物和我国特有植物14属，如安徽槭、安徽碎米、安徽贝母、金钱松属、杜仲属、青檀属、独花兰等。因此，鹞落坪保护区是我国不可多得的植物物种宝库。

鹞落坪保护区动物区系具有南北过渡的特点，在动物地理区划上属于东洋界，既是一些古北界种类分布的南限，同时又是不少东洋界种类分布的北限，野生动物多样性相当丰富。

保护区内有两栖动物、爬行动物、鸟类和兽类，其中属于国家重点保护的野生动物有18种，即细痣疣螈、大鲵、鸢 、赤腹鹰、雀鹰、红隼、勺鸡、白冠长尾雉、领角鸮、红角鸮、斑头鸺鹠 、草鸮、蓝翅八色鸫、金钱豹、豺、小灵猫、水獭和原麝等。

鹞落坪景区的主要景点有多枝尖、红枫谷、七色山、金钱松林、大别山五针松模式标本、小溪岭楚长城、宣教馆、科技馆、高敬亭故居等自然和人文景观。

小知识大视野

鹞落坪国家级自然保护区位于大别山主峰分水岭主段。相传大别山原是一片汪洋，根本没有山，孙悟空大闹天宫时，将玉皇大帝凌霄宝殿的神鳖一棒打下了天宫。当时玉皇大帝命太白金星赴东海请龙王商议降妖之事。太上老君行进途中，见玉帝的神鳖在汪洋中游动，想捉起带回，哪知神鳖见太上老君捉它，不想返回天宫，遂化作千里绵延的山脉，填满了汪洋大海。

太上老君搬不动它，只好作罢。玉帝降妖之后，太上老君禀报神鳖之事，玉帝与诸仙至南天门观看。只见巨鳖头朝南，尾向北，岿然不动，玉帝说：“它既然在人间成山，不愿在天成仙，就让它去吧。”后来人们认为大鳖山名称不雅，故改其名为大别山。

生物博物馆——滨州贝壳堤岛

滨州贝壳堤岛与湿地国家级自然保护区位于山东省无棣县城北，渤海西南岸，西至漳卫新河，东至套儿河。该区地势低平，发育了山东省最宽广的滨海湿地带。

在地貌上自南向北可分为第一贝壳堤岛及潮上沼泽湿地带、第二贝壳堤岛以及潮间滩涂和潮下湿地带。

贝壳堤岛全长76千米，贝壳总储量达3.6亿吨，为世界三大贝

壳堤岛之一，是一处国内独有、世界罕见的贝壳滩脊海岸，是目前世界上保存最完整，且是唯一新老堤并存的贝壳堤岛。同时它也是东北亚内陆和环西太平洋鸟类迁徙的中转站和越冬、栖息、繁衍了地。

贝壳堤是由海生贝壳及其碎片和细砂、粉砂、泥炭、淤泥质黏土薄层组成的，与海岸大致平行或交角很小的堤状地貌堆积体。它是形成于高潮线附近，为古海岸在地貌上的可靠标志。它是粉砂淤泥质海岸带，在波浪的作用下，将淘洗后的生物介壳冲向岸边而形成的堆积体。波浪的冲刷，使海滩坡度增大，底质粗化，底部的贝壳类介壳被海水冲到岸边，堆积在高潮线附近，经长期作用便形成贝壳堤。当海岸带泥沙来源充分，海滩泥沙堆积作用旺盛时，贝壳堤便停止了发育。多次的冲淤变化便留下多条

贝壳堤，它们可以作为古海岸线迁移的标志。

贝壳滩脊海岸的形成需具备3个条件，即粉砂淤泥岸、相对海水侵蚀背景和丰富的贝壳物源。历史上，黄河以“善淤、善决、善徙”著称，黄河携带着大量细粒黄土物质，长时期、周而复始地在渤海湾西岸、南岸迁徙，在此塑造了世界上规模最大的淤泥质海岸。

当黄河改道，河口迁徙到别处时，随着入海泥沙量的减少，海岸不再淤积增长，海水变得清澈，种类繁多的海洋软体动物资源得以繁衍生息，为贝壳滩脊海岸的形成提供了充足的贝壳物源。

最重要的是由于海浪潮汐运动，以侵蚀为主，将贝壳搬移到海岸堆积，随着贝壳的逐年加积，也就形成了独特的贝壳滩脊海岸。一旦黄河改道回迁，贝壳堤即因海水较淡而浑浊的淤泥岸不利于贝壳生长而终止。

在贝壳堤外，泥沙淤积成陆，海岸线又向前伸，贝壳堤则远离海岸，或被遗弃于陆上，或没于地下。因此，由于黄河的来回迁徙，海岸线走走停停，淤泥与贝壳堤交互更替，在渤海湾西岸、南岸形成了多条平行于海岸线的贝壳堤。

古贝壳堤上沙层疏松，有利于雨水的蓄积。在古贝壳堤上挖一个坑，甘甜的水就会源源不断地渗出来，而且水流也流不尽。这道贝壳堤不仅替渔村挡住了大潮，而且也是渔民的天然航标。在遥远的海里，渔民远远地看到这条绿堤，就如同看到了温暖的家园。

贝壳堤岛保护区内分布着两列古贝壳堤。第一列在保护区南端，第二列在保护区北部，由40余个贝壳岛组成，属裸露开敞型。

在目前世界上发现的三大古贝壳堤中，无棣贝壳堤不仅纯度最高、规模最大，也是保存最完整且唯一新老堤并存的贝壳堤岛。无论是深埋地下的，还是裸露于地表的，其贝壳质含量几乎达到百分之百。

两列贝壳堤岛之间的湿地和向海的潮间湿地与潮下湿地组成了世界罕见的贝壳堤岛与湿地系统。贝壳堤内外的滨海湿地生物

多样性丰富，它是东北亚内陆和环西太平洋鸟类迁徙的中转站和越冬、栖息、繁衍之地。贝壳堤是研究黄河变迁、海岸线变化、贝壳堤岛的形成等环境演变以及湿地类型的重要基地，在我国海洋地质、生物多样性和湿地类型研究中占有极其重要的地位。

保护区内发现的野生珍稀动物种类较多，保护区是一个典型的“天然生物博物馆”。保护区内有文蛤、四角蛤、扁玉螺等贝类和鱼、虾、蟹、海豹等海洋生物；有落叶盐生灌丛、盐生草甸、浅水沼泽湿地植被等各种植物，其中有酸枣、麻黄、黄芪、五加皮等特产中药材多种。

湿地里有豹猫、狐狸等野生动物，有东方铃蛙、黑眉锦蛇等两栖爬行动物，有包括国家一级保护动物大鸨、白头鹤，国家二级保护动物大天鹅等在内的鸟类。

保护区内自然风光优美，有大口河、汪子岛等40余个贝壳堤

岛。“汪子岛”是最大的一座贝壳岛，也是滨州境内唯一能观大海全貌的地方，有“海上仙境”之称。

小知识大视野

汪子岛又名望子岛，这个名字的得来据说与秦始皇有关。

相传，秦始皇派徐福东渡求取长生不老的仙药，徐福招募了千名童男童女，沿古鬲津河经汪子岛登官船起程。

由于当时的海运条件有限，徐福等迟迟不见归来。众童男童女的亲人便聚在岛上，天天翘首东望，盼望着孩子们早早归来，于是，这个岛就此得名望子岛。历经岁月的涤荡，这座小岛几度兴衰，成为渔民躲避海潮、寄存货物的渔家海堡。由于该岛四周水天相连，汪洋无边，水洼成片，芦苇连天，周围的百姓就渐渐叫它汪子堡、汪子岛了。

华东动植物园——清凉峰

清凉峰自然保护区位于浙江省临安市境内，主要保护对象为东南沿海季风区森林生态系统及珍稀野生动植物。保护区由龙塘山、千顷塘和顺溪坞3个部分组成。

浙江清凉峰国家级自然保护区地史古老，地貌类型复杂，地处“江南古陆”的东端。地形从东南向西北逐渐升高，形成了北亚热带至暖温带的气候垂直带谱系列和多变的小地形和小气候。

这里发育着典型的北亚热带常绿落叶阔叶混交林，植被垂直分带明显，生物资源和区系成分具有古老性、过渡性、多样性、

联系广泛及珍稀物种多、密度大等特点，是我国经济发达的长江三角洲地区难得的保存完好的物种基因库。可以用“四多”来概括，即生物物种多、珍稀濒危种多、模式标本种多、特色植物群落多。

保护区气候复杂，横跨亚热带和温带两个季风带，季风性气候明显，植被带景观垂直层次分明，土壤类型多样，区系组成复杂，带谱完整，是我国东南沿海中亚热带森林的典型代表，拥有多种珍稀、濒危植物及特有属种。

其中国家级重点保护的珍稀濒危植物有鹅掌楸、夏蜡梅、南方铁杉、华东铁杉、珍珠黄杨、香果树、莲香树、鹅掌楸、金钱松、黄山梅、天女花、绣球花等。

被国家列为重点保护的一级树种“华东黄杉”，是白垩纪或

更古时代残存下来的孑遗树种，除安徽省内除黄山云谷寺等处尚存一两株外，该树种已濒临绝种边缘。而此处有成片的20多株华东黄杉，它们不仅具有观赏、实用价值，更有着突出的科研价值。

夏秋的保护区，从龙池到顶峰的山顶草甸，面积近67公顷，遍地开满了五彩缤纷的玉禅花、黄山龙胆、水满青、兰香草、林荫千里光、药百合、剪秋罗、地榆等各种野花。

被称为“高山矮汉子”的黄山松、“千年不大”的珍珠黄杨以及天目杜鹃、黄山花楸、天目琼花等，形体怪异，好似龙盘虎踞，宛若一个天然的盆景园。

秋日的保护区，草甸中十里芦荡，芦花盛开，随风起舞，飞花如雪，白峰顶、清凉峰顿时成为芦花的世界，清凉峰更像是世外桃源一般，十分壮观。在繁花盛开的季节，人行其中，清风拂面，花香扑鼻，鸟鸣、山籁、松涛悦耳，好似徜徉在花的海洋

中，盆景的世界里。

清凉峰保护区奇花异草众多，一年四季花开不断，数不尽的野花从山麓向山顶次第盛开。春寒料峭之时，梅花、迎春樱在寒风中迎接着春天的消息。继而，满山遍野的鹿角杜鹃、映山红满山红、天目木兰、黄山木兰、天目木姜子等相继绽放。

清凉峰自然保护区因地形复杂，生态环境特殊，林木茂盛，雨水充足，因而动物种类繁多。清凉峰自然保护区现有陆生脊椎动物280余种，其中国家级重点保护动物20余种，特别是黑豹、云豹、苏门羚、猕猴等。其中国家重点保护的野生动物有梅花鹿、黑麂、白颈长尾雉、金钱豹等。

清凉峰自然保护区内的千顷塘一带是野生梅花鹿的栖息活动地区，野生梅花鹿是我国陆地上分布最东、最南的野生种群，是国家极为珍贵的基因多样性宝库。

梅花鹿属偶蹄目鹿科，为东亚特有种，野生梅花鹿总数仅有1000只左右，极为稀有，濒临绝灭。

清凉峰的梅花鹿为南方亚种，有200只左右，主要分布在大坪溪、小坪溪、千顷塘、大源塘、干坑一带，具有极高的经济价值、观赏价值和科研价值。

另外，还有山雀、灰喜鹊、啄木鸟等多种山禽，常翔集在山间深谷和茂密林中，或嘤嘤细吟，或啾啾欢唱，使保护区内更加充满生机。

石林风光为清凉峰保护区的一大特色景观，清凉峰石林中石芽、石林、峰林、天生桥、溶沟、孤峰残丘、溶蚀漏斗、洞穴、地下河等景观皆具备，且石林中喀斯特森林发育和保存良好，为该石林的一大特色。

石林中大树林立，古木参天，涵盖了石林景观中“山秀、石怪、水清、洞奇”等特点。漫步其间，可欣赏到万山天窟、悟道

洞、小莲花、仙浴池、十八龙潭、火焰山、三兽呈样、宝掌树、五老峰、老人石、龙塘臣蝗、佛手洞、无字碑、八封莲花峰等石林景观。

清凉峰山高岭曲，清凉峰、三祖峰、龙塘座山、宝掌峰等，海拔均在1000米以上，群山环抱，整个山体常年云雾缭绕，变幻多端。白云在山岚间、山谷中轻盈飘荡，时而成为山帽，时而化为山之衣裳，时而化为山之腰带。

人在山脊上行走，刚刚才风和日丽，巍巍群山一览无余，转眼间便云雾如海浪翻腾，不时从身旁掠过，远山如同一座座仙山，缥缥渺渺，朦朦胧胧，身旁景色时隐时现，瞬息万变。

小知识大视野

传说清凉峰的十八龙潭是龙王所居的宝宫之府，其潭底直通杭州市的八角井，木匠祖师鲁班随师在杭州建造的众多寺院、宝塔、庵堂、朝厅等大型建筑所用的木材都出自于清凉峰，而且都从十八潭输入，从八角井取出。这条运输线全由鲁班一人负责，直到有一天在建造一项重要工程将要结束时，鲁班说：“木材已够了。”其实还有一根木料已从清凉峰十八潭输入到了杭州八角井底而没有出来，但经鲁班仙师的“金口”一开，井底运输通道便立刻关闭了。

后来经过清点，发现木料少了一根，鲁班遂将一根大木材一分为二，分别制成一大一小两根梁柱，小梁放在不太重要的部位，把大的木材制成了这个重要的建筑梁柱。从此鲁班名扬四海，人称“木圣”。

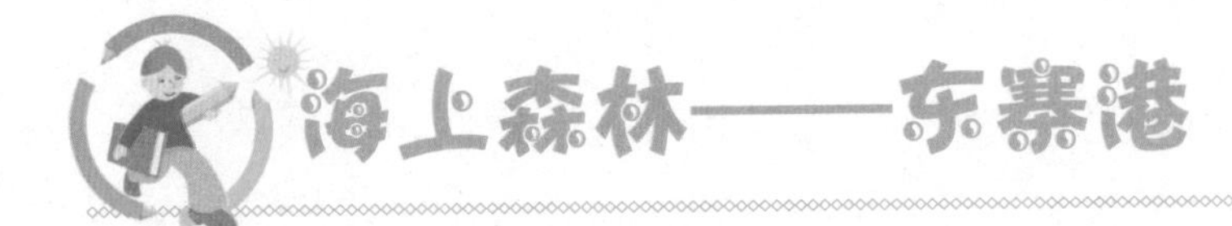

海上森林——东寨港

东寨港又名东争港，古称东斋港。东寨港保护区位于海南省的东北部，即琼山县的三江、演丰、演海和文昌县的铺前、罗豆的交界处，在琼山县境内。

东寨港的主要保护对象有沿海红树林生态系统、以水禽为代表的珍稀濒危物种及区内生物多样性。

东寨港是由于在1605年的一次大地震中，地层下陷形成的，海岸线曲折多弯，海湾开阔，形状似漏斗，滩面缓平，微呈阶梯

状，有许多曲折迂回的潮水沟分布其间。涨潮时沟内充满水流，滩面被淹没；退潮时，滩面裸露，形成分割破碎的沼泽滩面。

东寨港雨季多台风，台风往往带来狂风暴雨，地面受到严重的冲刷，大量的细粒、有机质碎屑被带入湾内。这里堆积盛行，浅滩广布，淤泥日益沼泽化，水浅风稳、浪静，为红树林的生长、繁衍创造了良好的条件。

保护区以被誉为“海上森林公园”的红树林、世界地质奇观“海底村庄”、世界稀有鸟类及丰富的海鲜水产而著称。区内野菠萝岛环境幽美，岛上形态奇特的野菠萝林遮天蔽日，蔚为壮观。

东寨港有“一港四河、四河满绿”之说。其东有演州河，南有三江河，西有演丰东河、西河，4条河流汇入东寨港后流入大海。这些河流注入东寨港时，尤其是在暴雨季节，河水挟带着大量泥沙，在港内沉积，便形成了广阔的滩涂沼泽。

红树种子凭借“胎生”的独特繁殖方式，随波逐流地在水上

漂泊，一遇到海滩就扎根生长发育，很快便蔚然成林。

海南的红树林以琼山、文昌为最，其中琼山区的东寨港红树林是热带滨海泥滩上特有的常绿植物群落，由于其大部分树种都属于红树科，所以生态学上将其称为红树林。

东寨港红树林保护区绵延50多千米，总面积4 000多公顷。这里成千上万棵的红树，根交错着根，枝攀援着枝，叶覆盖着叶，摆出了扑朔迷离的阵式来。

东寨港红树林千姿百态，风光旖旎。游人从海岸上举目远望，只见广袤无垠的绿海中，显露出一顶顶青翠的树冠。

这些红树林长得枝繁叶茂，高低有致，色彩层次分明。每棵树头的四周都长着数十条扭曲的气根，达一米方圆，交叉地插入淤泥之中，形似鸡笼，当地人叫它“鸡笼罩”。

尤其是大海涨潮时分，茂密的红树林被潮水淹没，四周全是一丛丛形态奇特而秀丽的绿树冠，中间是一长条迂回曲折的林间水道，只露出翠绿的树冠随波荡漾，成为壮观的“海上森林”。

涌动的海潮推着船儿沿着水道悠然荡漾，忽左忽右，游人只见蓝海水和绿树冠，感觉到神奇的魅力像红树丛中的雾一样团团地涌过来，弥漫着整个海面。

保护区主要的红树植物有16科，即红树科的红海榄、海莲、木榄、尖瓣海莲、秋茄、角果木，马鞭草科的白骨壤，紫金牛科的桐花树，大戟科的海漆，使君子科的榄李，棕榈科的水椰，梧桐科的银叶树，卤蕨科的卤蕨、尖叶卤蕨，玉蕊科的玉蕊，夹竹桃科的海芒果，锦葵科的黄桂等。

这些树木由于生长在海湾、河口，长期受到海水的浸泡和台风的袭击，因而形成了自己特有的生存方式及繁殖能力，生长良

好的红树林四季常绿。

红树林靠着树干基部纵横交错而发达的支柱根、呼吸根和气生根扎根于海滩，抗击狂风巨浪，并满足自身空气的需要。红树林那又厚又硬的叶片能减少水分蒸发，叶片上有许多排盐腺，可以排除海水中的盐分。

红树林的繁殖很独特，当果实成熟时，种子就在果实内发芽长出幼苗，一起落在海滩淤泥中，几小时后便可生根，这种繁殖方式，在植物中很少见，所以人们称它是“胎生树”。

秋茄是红树林的一种，萌发力强，每株秋茄的根形状都不同，任何能工巧匠都难以雕出如此众多的奇妙形态：有的如龙头，有的如猴首，更多的像童话的中老仙翁，老态龙钟，很有诗情画意。

红树林是海上的一道屏障，它们能挡风固提，保卫沿海的农田和村舍，被誉为“海岸卫士”。同时，它们的根能积沙淤泥，开拓新的滩涂，因此它们又被称为“造陆先锋。”

东寨港红树林保护区内还有一处野菠萝岛，岛上环境幽美，岛的一半是人工种植的像茶树一样的红树林。这里生机盎然，一望无际，甚至区分不清哪里是岛，哪里是海。

岛的一半就是野菠萝密林，阴森森黑黢黢。野菠萝树的气息根长出土壤外两米高，根和枝干相连，盘根错节，奇形怪状。

野菠萝树学名叫露兜树，为露兜科热带小乔木，属红树族谱，是一种野生的固沙植物。它的果实像菠萝，但却坚硬无比，几乎无法食用，因此当地人把它们叫野菠萝，岛也因该树而得其名。

红树林还是动物的乐园，常见的鸟类有白鹭、灰鹳、鹧鸪、钓鱼翁、伯劳、斑鸠、杜鹃、翠毛鸟、水鸭、鹬等，爬行类有多

种蛇，两栖类有青蛙等，水中动物有鱼、虾、蟹、贝等。

东寨港保护区内共有鸟类多种，其中珍稀濒危、属国家二级保护的鸟类有褐翅鸦鹃、小鸦鹃、黄嘴白鹭、黑脸琵鹭、白琵鹭、黑嘴鸥等。

保护区有海南巨松鼠、海南水獭、犬蝠等兽类动物等，其中海南水獭为国家二级保护动物。两栖动物主要有斑腿树蛙、变色树蜥和泽蛙等；爬行动物以蛇类为主，主要有金环蛇、眼镜蛇、蟒等。

区内的鱼类大多具有较高的经济价值，如鳗鲡、石斑鱼、鲈鲷鱼等；大型底栖动物主要有沙蚕、泥蚶、牡蛎、蛤、螺、对

虾、螃蟹等。

东寨港历史上先后记录有近90种候鸟。鹭类、行鸟鹬类等候鸟，一直是这里的“常客”。2002年，这里惊喜地迎来了一大群新“客人”，数万只丝光椋鸟结伴飞来，为东寨港上空增添了一道新的风景。

1992年，为了保护以红树林为主的北热带边缘河口港湾，以及海岸滩涂生态系统及越冬鸟类栖息地，东寨港成为我国第一批列入《湿地公约》国际重要湿地名录的七大湿地之一，及时被保护了起来。

小知识大视野

红树林是热带滨海泥滩上特有的常绿植物群落，红树种具有特异的“胎生”繁殖现象，种子在母树上的果实内萌芽长成小苗后，同果实一起从树上掉下来，插入泥滩只要两三个钟头，就可以成长为新株。

如果红树的种子是落在海水里，则随波逐流，数月不死，逢泥便生根。红树林在我国自然分布于海南、广东、福建等省区，是热带海岸的重要生态环境，能防浪护岸，又是鱼虾繁衍栖息的理想场所。

大树王国——天目山

天目山保护区位于浙江省临安市境内，主要保护对象为银杏、连香树、鹅掌楸等珍稀濒危植物。

天目山保护区地处东南沿海丘陵区的北缘，属温暖湿润的季风气候。保护区内的植物为亚热带落叶常绿阔叶混交林，是我国中亚热带植物最丰富的地区之一，其植物区系反映出古老性和多样性。

保护区计有苔类植物1500多种，其中国家重点保护植物25种，以天目山命名的植物24种。珍稀孑遗植物银杏的野生种也分布于此，具有重要的科研价值。

“天目”之名始于汉，有东西两峰，顶上各有一池，长年不枯，故名。这里地质古老，历史悠久，有

丰富的自然资源，众多的人文景观，为宗教名山。天目山古木参天，景色秀丽，环境幽静，气候宜人。

天目山山体形成于距今1.5亿年前的燕山期，是“江南古陆”的一部分；天目山地貌独特，地形复杂，被称为“华东地区古冰川遗址之典型”；天目山峭壁突兀，怪石林立，峡谷众多，自然景观幽美，堪称“江南奇山”，也是我国中亚热带林区高等植物资源最丰富的区域之一。

天目山自然保护区保存着长江中下游典型的森林植被类型，其森林景观以“古、大、高、稀、多、美”称绝。

“古”：天目山保存有中生代孑遗植物野生银杏，该野生银杏被誉为“活化石”。该物种全球仅在天目山有天然的野生状态林。银杏自然景观有“五代同堂”“子孙满堂”等。

“大”：天目山自然保护区现有需3人以上合抱的大树400余

株，享有“大树王国”之美誉。

“高”：天目山金钱松的高度居国内同类树之冠，最高者已达60余米，被称为“冲天树”。

“稀”：天目山有许多特有树种，以“天目”命名的动植物有85种。其中天目铁木，全球仅天目山遗存5株，被称为“地球独生子”。此外，香果树、领春木、连香树、银鹊树等均为珍稀濒危植物。

“多”：自然保护区内国家珍稀濒危植物、种子植物、蕨类植物和苔藓类植物种类繁多。茂密的植被进而庇护了云豹、黑麂、白颈长尾雉、中华虎凤蝶等国家级珍稀保护动物。

“美”：林林总总的各色植物，构成一幅蔚为壮观的森林画幅，这里千树万枝，层峦叠嶂，四季如画。

天目山常绿树种主要有壳斗科的青冈栎属、拷属、石栎属，

樟科的樟属、紫楠属、润楠属，山茶科的柃属、山茶属，还有杜鹃属、山矾属、冬青属等。落叶树种主要有槭科，蔷薇科，豆科，壳斗科的栗属、栎属、水青冈属，樟科的木姜子属和山胡椒属，桦木科、胡桃科、木兰科等种类也较多。

天目山还有多种野生药材，名贵的有於术、竹节人参、天麻、天目贝母、八角金盘、缺萼黄连等。

天目山这块开发较早的植物宝库，直到现在还有新种被发现，足以说明天目山植物资源的丰富性、复杂性，是一块不可多得的植物基因库。天目山独特的森林景观使天目山的自然景观别具一格，天目山以“大树华盖闻九州”。大树者，柳杉、金钱松、银杏，它们被人们称为天目山之绝。

柳杉，是最大的“大树王”，其胸径有233厘米，最大单株材积达75立方米。金钱松系我国特产，非常珍贵，为世界五大庭

园观赏树种之一，它在天目山适宜的环境中长得特别高大，为天目山百树之冠。“活化石”银杏，系中生代孑遗植物，为我国特有，现虽遍植各地，甚至漂洋过海，侨居他国，但野生状态的银杏仅仅产于天目山，天目山银杏无愧是“世界银杏之祖”。

在保护区内，较古老的银杏有的生长在悬崖峭壁上，有的生长在人迹罕至的沟谷中，呈现一派古老野生的状态。

在植物区系研究上有重要价值的连香树，稀有的领春木、天目木兰、天目木姜子，古老的香果树、鹅掌楸、银鹊树等在天目山都有分布。

仅分布于天目山区的特有种也不少，如天目铁木、天目朴、羊角槭、浙江五加等。而天目铁木和羊角槭的种群数量已到达濒临灭绝的境地，非常珍稀。

天目山分布的国家二类重点保护植物有银杏、金钱松、天目

铁木、独花兰、香果树、连香树、鹅掌楸、黄山梅等。

天目山分布的国家三类重点保护植物有天目木兰、天目木姜子、凹叶厚朴、浙江楠、领春木、银鹊树、八角连、金刚大、羊角槭、短穗竹、青檀、短萼黄连、延龄草、虾脊兰、天麻、野大豆和紫茎等。

天目山地处中亚热带向北亚热带过渡地带，既具有代表本地区的植物区系成分，又具有向等地区联系的、过渡的区系成分，还具有本山特有的区系成分。

天目山地势高峻，海拔相差悬殊，较多的暖温带、温带植物侵入到天目山，如水青冈属、椴属、槭属、鹅耳枥属、桦木属等，槭属植物在天目山特别多。更有趣的是天目山出现了与北美有联系的替代种，如檫木、鹅掌楸，兰果树等。

丰富的植物资源，优越的气候，复杂的森林层次构造，适宜的栖息环境，给各种动物的生长、栖息、繁殖提供了良好的条件。故天目山动物种类颇多，区系成分也复杂。天目山的动物主要有哺乳动物、鸟类、两栖类和昆虫类等，还有许多无脊椎动物。

哺乳动物主要有野猪、苏门羚、黑麂、毛冠鹿、大灵猫、小灵猫、猕猴、刺猬、豪猪、穿山甲、华南兔、松鼠、豺、狼、黄鼠等，这里常有游山的金钱豹，有时还有虎的出现。

鸟类主要有白鹇、白颈长尾雉、锦鸡、竹鸡、红嘴长尾兰鹊、喜鹊、山斑鸠、红嘴相思鸟、斑啄木鸟、大杜鹃、四声杜鹃、画眉、三宝鸟、寿带鸟、戴胜和大山雀等。

两栖类主要有东方蝾螈、肥螈、淡肩角蟾、桂墩角蟾、泽蛙、大树蛙、饰纹姬蛙等。

爬行类主要有大头乌龟、鳖、石龙子、北草蜥、赤链蛇、乌

梢蛇、蝮蛇、竹叶青、五步蛇等。

天目山保护区海拔450米以上的地方，悬崖陡壁、深沟峡谷，构成四面峰、倒挂莲花、狮子口、象鼻峰等地的奇特岩石地貌景观；海拔450米以下的地方有岩溶地貌景观。

天目山地处中亚热带北缘，又由于独特的山体影响，形成冬暖夏凉的小气候。那里林木茂密，流水淙淙，造就了丰富的“负离子”和等对人体有益的气态物质，居同类风景名胜区之冠。

小知识大视野

相传唐宋年间，天目山森林中长有一棵特异的大树，形状怪异，可容8个人合抱。曾有樵夫偶然看见一位白发老翁盘坐在树上，走近时又不见踪影，消息传开后民众奉此树为“树神”，竞相祭拜。

某日，有赵钱孙李4个家族同往叩拜祝愿。其中，赵家祈求保佑子孙“尊贵”；孙家祈求保佑子孙“富有”；李家祈求保佑子孙“显名”；钱家只求保佑子孙“和谐”。后来4个家族各有所获，赵家得天下，孙家富甲一方，李家读书成才，钱家以“和谐”传家。

绿色宝库——神农架

相传，在人类处于茹毛饮血的远古时代，瘟疫流行，饥饿折磨着人类，普天之下哭声不断。为了让天下百姓摆脱灾难的纠缠，炎帝神农氏来到湖北西北艰险的高山密林之中，遍尝百草，选种播田，采药治病。

但神农氏神通再大，却也无法攀登悬崖峭壁。于是，他搭起了36架天梯，登上了峭壁林立的地方。从此，这个地方就叫作神农架了。后来，神农氏搭架的地方长出了一片茂密的原始森林。

神农架位于湖北省西部边陲，东与湖北省保康县接壤，西与

重庆市巫山县毗邻，南依兴山、巴东而濒三峡，北倚房县、竹山且近武当，辖一个国家级森林及野生动物类型自然保护区和一个国家湿地公园。神农架是我国唯一以“林区”命名的行政区。

远古时期，神农架林区还是一片汪洋大海，经燕山和喜马拉雅运动逐渐提升成为多级陆地，并形成了神农架群和马槽园群等具有鲜明地方特色的地层。

神农架位于我国地势第二阶梯的东部边缘，由大巴山脉东延的余脉组成中高山地貌。区内山体高大，由西南向东北逐渐降低。

神农架山峰多在1500米以上，其中海拔3000米以上的山峰有6座，最高峰神农顶成为华中第一峰，神农架因此有“华中屋脊”之称。

神农架是长江和汉水的分水岭，境内有香溪河、沿渡河、南河和堵河 4个水系。

由于该地区位于中纬度北亚热带季风区，气温偏凉而且多雨。由于一年四季受到湿热的东南季风和干冷的大陆高压的交替

影响，以及高山森林对热量、降水的调节，这里形成了夏无酷热、冬无严寒的宜人气候。当南方城市夏季普遍是高温时，神农架却是一片清凉世界。

神农架地处中纬度北亚热带季风区，受大气环流控制，气温偏凉且多雨，并随海拔的升高形成低山、中山、亚高山三个气候带。

年降水量也由低到高依次分布，故立体气候十分明显，“山脚盛夏山顶春，山麓艳秋山顶冰。赤橙黄绿看不够，春夏秋冬最难分”是该林区气候的真实写照。

神农架拥有当今世界北半球中纬度内陆地区唯一保存完好的亚热带森林生态系统，境内森林覆盖率达百分之八十以上，这里保留了珙桐、鹅掌楸、连香等大量珍贵古老孑遗植物。神农架成为世界同纬度地区的一块绿色宝地，对于森林生态学研究具有全

球性意义。

独特的地理环境和立体小气候，使神农架成为我国南北植物种类的过渡区域和众多动物繁衍生息的交叉地带。神农架植物丰富，主要有菌类、地衣类、蕨类、裸子植物和被子植物等；各类动物主要包括兽类、鸟类、两栖类、爬行类及鱼类等。

神农架是我国内陆唯一保存完好的一片绿洲，拥有当今世界中纬度地区唯一保持完好的亚热带森林生态系统。

神农架动植物区系成分丰富多彩，古老、特有而且珍稀。苍劲挺拔的冷杉、古朴郁香的岩柏、雍容华贵的桫椤、风度翩翩的珙桐、独占一方的铁坚杉，枝繁叶茂，遮天蔽日。

在神农架，生长着一种十分珍贵的药材，名叫头顶一颗珠，属于国家重点保护的种类。头顶一颗珠还别称延龄草，属百合科，多年生草本植物。该植物匍匐茎圆柱形，下面生有多数须根。茎单一，叶三片，轮生于顶端，菱状卵形，先端锐尖。夏季，自叶轮中抽生一短柄，顶生一朵小黄花。到了秋季，小黄花便结出一粒豌豆大小的深红色球形果实，这就是有名的“头顶一颗珠”。此珠即人们通常称之“天珠”，地下生长的坨坨又称“地珠”。所以，延龄草实际上是首尾都成珠，只是“天珠”在成熟后自然掉落，人们不容易找到，只能挖到“地珠”，地珠的药性与天珠一样。

采药人很难得到天珠，因为天珠不仅甜美可口，营养丰富，而且是鸟雀的美食。头顶一颗珠具有活血、镇痛、止血、消肿、除风湿等功能，是治疗头晕、头痛、神经衰弱、高血压、脑震荡

后遗症等疾病的珍贵中药材。

神农架自然保护区动物资源十分丰富，有各类动物1000多种。其中不乏受国家保护的珍贵稀有品种，如金丝猴、毛冠鹿、苏门羚、金钱豹、小灵猫、神农鼯鼠等。

神农架还有一些奇异的动物，如“野人”“白化动物”“驴头狼”“红色动物”“水怪”等，更为神农架蒙上了一层神秘的色彩。神农架白色动物有白雕、白獐、白猴、白麂、白松鼠、白蛇、白乌鸦、白龟和白熊等。

神农白熊，毛色纯白，性情温驯，头部很大，两耳竖立，一条小尾巴总是夹着，貌似大熊猫，只是嘴部比较突出。它生长在海拔1500米以上的原始森林和箭竹林中，以野果、竹笋、嫩叶为主要食物。神农白熊喜欢与人嬉闹，甚至主动爬到人们的怀里闭目养神。它的嗅觉灵敏，善于寻找食物，饱食后常手舞足蹈。神农白熊已被确定为国家一级保护动物。

白獐和白鹿在古代就被人们视为国宝或神物。獐、鹿同属哺乳纲偶蹄目鹿科的野生动物，古时统称为鹿。一般的獐、鹿毛色呈黄褐色或黑褐色，而白獐和白鹿通体毛色纯白，眼珠和皮呈粉红色。

神农架一个叫作阴峪河的地方，很少有阳光透射，适宜白金丝猴、白熊、白鹿等动物栖息。这么多动物返祖变白，仅仅用气候原因是解释不了的，因而这也成了科学上的待解之谜。

1986年，当地农民在深水潭中发现了3只巨型水怪，皮肤呈灰白色，头部像大蟾蜍，两只圆眼比饭碗还大，嘴巴张开时有一米多长，两前肢有五趾，浮出水面时嘴里还喷出几丈高的水柱。

与水怪传闻相似的还有关于棺材兽、独角兽的传闻。据说，棺材兽最早在神农架东南坡发现，是一种长方形怪兽，头大、颈短，全身有麻灰色毛。

独角兽头跟马脑一样，体态像大型苏门羚羊，后腿略长，前额正中生着一只黑色的弯角，似牛角，从前额弯向后脑，呈半圆弧弓形。

另外，这里还有驴头狼，全身灰毛，头部跟毛驴一样，身子又似大灰狼，好像是一头大灰狼被截去狼头换上了驴头，身躯却比狼大得多。

神农架有许多神奇的地质奇观，在红花乡境内有一条潮水河，河水一日三涌，早中晚各涨潮一次，每次持续半小时。涨潮时，水色因季节而不同：干旱之季，水色混浊；梅雨之季，水色碧青。

宋洛乡里有一处冰洞，只要洞外自然温度在28度以上时，洞内就开始结冰，山缝里的水沿着洞壁渗出形成晶莹的冰帘，向下延伸可达10余米。滴在洞底的水则结成冰柱，形态多样；滴在顶端的水一般结成呈蘑菇状的冰，而且为空心。进入深秋时节，冰就开始融化；到了冬季，洞内温度就要高于洞外温度。

神农架山峰瑰丽，清泉甘洌，风景绝妙。神农顶雄踞“华中第一峰”，风景垭名跻“神农第一景”；红坪峡谷、关门河峡谷、夹道河峡谷、野马河峡谷雄伟壮观；阴峪河、沿渡河、香溪

河、大九湖风光绮丽；万燕栖息的燕子洞、时冷时热的冷热洞、盛夏冰封的冰洞、一天三潮的潮水洞、雷响出鱼的钱鱼洞令人叫绝；流泉飞瀑、云海佛光皆为大观。

神农架成矿条件优越，有较丰富的矿藏，已探明的矿种有磷矿、铁矿、镁矿、铅锌矿、硅矿、铜矿、建筑石材等15种，其中主要矿种有磷矿、铁矿、铜矿、镁矿、铅锌矿、硅矿等。

小知识大视野

神农架是一个原始神秘的地方，独特的地理环境和区域气候，造就了神农架众多的自然之谜。神农架是发现“野人”次数最多的地方。

自20纪初以来，神农架周围有近400多人在不同地方不同程度地看到近100多个“野人”活体，他们发现了大量“野人”的脚印、毛发和粪便，有的甚至发现野人身材高大魁梧，面目似人又似猴，全身棕红或灰色毛发，习惯两条腿走路，动作敏捷，行为机警，有的还会发出各种叫声。

生物资源库——长青

陕西长青国家级自然保护区，位于秦岭中段南坡的汉中市洋县北部，是1995年经国务院批准建立的以保护大熊猫为主的森林和野生动物类型自然保护区，总面积30000公顷。

长青保护区位于秦岭中段南坡的洋县境内，北与陕西省太白林业局为界，东与佛坪国家级自然保护区接壤，南界和西界分别与洋县华阳、茅坪镇11个行政村的集体林相邻。

长青保护区独特的地理位置、优越的气候条件和森林生态环

境，为多种动植物的繁衍生息提供了良好的条件，成为丰富多样的“生物资源库”。

已知区内种子植物丰富，列入《我国濒危保护植物》红皮书的有30多种；脊椎动物有近300种，其中兽类60多种，鸟类200多种，两栖爬行类30余种，鱼类20余种。

国家重点保护动物近40种，其中一级保护动物有大熊猫、金丝猴、羚牛、豹、朱鹮、金雕、林麝等，二级保护动物有黑熊、毛冠鹿、大鲵、血雉、红腹角雉等。

保护区处于我国南北气候的分界线和动植物区系的交汇过渡地带，森林覆盖率达90％以上，其中竹林面积达20 000多公顷，成为秦岭大熊猫的“天然庇护所”。被誉为“四大国宝”的大熊猫、羚牛、金丝猴、朱鹮等国宝级珍稀野生动物在该保护区均有分布，尤其被世界生物学界誉为“活化石”的大熊猫在该区广泛分布。

该区为秦岭大熊猫的集中分布区，现有大熊猫80余只，占秦岭大熊猫总数的1/3,保留着一个相对完整和相对稳定的大熊猫繁殖群体，是一处最有价值的大熊猫分布区。

朱鹮也是长青保护区的珍稀动物。朱鹮是一种中型涉禽，体态秀美典雅，行动端庄大方，十分美丽动人。与其他鸟类不同，

它的头部只有脸颊是裸露的，呈朱红色，虹膜为橙红色，黑色的嘴细长而向下弯曲，后枕部还长着由几十根粗长的羽毛组成的柳叶形羽冠，披散在脖颈之上。

朱鹮腿不算太长，胫的下部裸露，颜色也是朱红色。一身羽毛洁白如雪，两个翅膀的下侧和圆形尾羽的一部分却闪耀着朱红色的光辉，显得淡雅而美丽。由于朱鹮的性格温顺，中国民间都把它看作是吉祥的象征，称为“吉祥之鸟”。

朱鹮生活在温带山地森林和丘陵地带，大多邻近水稻田、河滩、池塘、溪流和沼泽等湿地环境。它们性情孤僻而沉静，胆怯怕人，平时成对或小群活动。朱鹮对生境的条件要求较高，只喜欢在高大的树木上栖息和筑巢，附近有水田、沼泽可供觅食，天敌又相对较少。晚上在大树上过夜，白天则到附近的稻田、泥地及清洁的溪流等环境中去觅食。

朱鹮以小鱼、蟹、蛙、螺等水生动物为食，兼食昆虫。每年3~5月是朱鹮的繁殖季节，它们选择高大的栗树、白杨树或松

树，在粗大的树枝间，用树枝、草棍搭成一个简陋的巢。

雌鸟一般产2~4枚淡绿色的卵，经30天左右的孵化，小朱鹮就会破壳而出。60天后，雏鸟的羽翼开始丰满起来，它们的羽毛比成熟朱鹮的颜色稍深，呈灰色。直到3年之后，小朱鹮才能完全发育成熟，并开始生儿育女。

朱鹮是稀世珍禽，历史上朱鹮曾广泛分布于东亚地区，包括中国东部、日本、俄罗斯、朝鲜等地。

自从我国在陕西洋县发现了朱鹮后，就对朱鹮的保护和科学研究进行了大量的工作，并取得显著成果。特别是饲养繁殖方面，1989年我国在世界上首次人工孵化朱鹮成功，自1992年以来，朱鹮雏鸟已能顺利成活。

至1995年，我国的野生朱鹮种群约35只，饲养种群有25只，为拯救这一珍禽带来了希望。目前，我国朱鹮数量已近2000只。

长青保护区大地构造位置处于南秦岭海西至印支褶皱的中

部，由一系列东西向褶皱与平行展布的断裂构成的复式褶皱带，组成后被印支期二长花岗岩侵位、吞蚀、破坏，现存的构造格局多呈一些残缺不全、规模不等的褶皱、断裂构造。

该保护区主要岩石有花岗岩、花岗片麻岩等多种，是地质上称为“华阳岩基”的主体部分。保护区北高南低，呈斜面山岳地况，由于地球构造运动，流水侵蚀，以及冰川、冰缘风等外营力的共同作用而形成。该地区地质复杂，地形多变，岭梁纵横，山高谷深。

长青保护区河流水系位置地处长江流域，区内主要河流是酉水河、湑水河，属汉江水系一级支流的上源支流。

酉水河发源于保护区北界兴隆岭活人坪南坡酉水谷，由北向南汇入汉江。湑水河在区内的流域面积约18平方千米，区内由地表水和地下水两部分组成，水质清纯，可直接饮用。

长青保护区处于北亚热带与暖温带的交错过渡地区。保护区的北边有秦岭主峰太白山天然屏障，有效地阻挡了北方寒流的入

侵。南边暖湿气流沿汉江河谷直达中高山地带，形成大陆性季风气候。这里季节性变化明显，全年具有雨热同季、温暖湿润、雨量充沛、气候及植被的垂直地带性明显等特点。气候随海拔的升高而呈垂直变化,从下往上依次为亚热带气候、暖温带气候、温带气候和寒温带气候。

保护区内地形复杂，小气候差异较为明显。沿山逆上，“十里不同天，一山有四季”。随着海拔高度的增高，气温骤降，降水量猛增。因受基石、降水、温度、生物、地形等因素影响，长青保护区土壤类型以山地黄棕壤、山地棕壤、山地暗棕壤和山地草甸土等为主，土壤湿润，有机质含量高。

小知识大视野

洋县黑米历史悠久。据《洋县志》记载，黑米原产于洋县，据传公元前140年，黑米西汉博望侯张骞选育而成。他将其奉于武帝，帝大悦，遂列之为“贡品”。自汉武帝以来，历代帝王都将洋县黑米列为“贡品”，而成为皇室贵族的珍肴美味。《洋县志》称“黑米、香米、薏米、桂花米，乃贡米也”。把黑米列为洋县“四种优质奇米”之冠。洋县黑米、香米、寸米，又被称为“米中三珍”，可见黑米的稀奇珍贵了。

1980年考古工作者在洋县范坝村发掘春秋平王姬宜臼年间的古墓时，发现墓葬内有此米。可见，早在2600多年以前，洋县范坝村一带的先民就已种植并食用黑米了。

图书在版编目(CIP)数据

自然生态景观/戚光英编著. —武汉:武汉大学出版社,2013.8(2023.6重印)

ISBN 978-7-307-11181-3

Ⅰ.自… Ⅱ.戚… Ⅲ.自然景观-自然保护区-中国-普及读物 Ⅳ.S759.992-49

中国版本图书馆CIP数据核字(2013)第199439号

责任编辑:刘延姣　　责任校对:文大海　　版式设计:大华文苑

出版发行:**武汉大学出版社**　(430072　武昌　珞珈山)

(电子邮箱:cbs22@whu.edu.cn 网址:www.wdp.com.cn)

印刷:三河市燕春印务有限公司

开本:710×1000　1/16　　印张:10　　字数:156千字

版次:2013年9月第1版　　2023年6月第3次印刷

ISBN 978-7-307-11181-3　　定价:48.00元